HITE 6.0
培养体系

HITE 6.0全称厚溥信息技术工程师培养体系第6版，是武汉厚溥企业集团推出的"厚溥信息技术工程师培养体系"，其宗旨是培养适合企业需求的IT工程师，该体系被国家工业和信息化部人才交流中心鉴定为国家级计算机人才评定体系，凡通过HITE课程学习成绩合格的学生将获得国家工业和信息化部颁发的"全国计算机专业人才证书"，该体系教材由清华大学出版社全面出版。

HITE 6.0是厚溥最新的职业教育课程体系，该职业体系旨在培养移动互联网开发工程师、智能应用开发工程师、企业信息化应用工程师、网络营销技术工程师等。它的独特之处在于每年都要根据技术的发展进行课程的更新。在确定HITE课程体系之前，厚溥技术中心专业研究员在IT领域和一些非IT公司中进行了广泛的行业调查，以了解他们在目前和将来的工作中会用到的数据库系统、前端开发工具和软件包等应用程序，每个产品系列均以培养符合企业需求的软件工程师为目标而设计。在设计之前，研究员对IT行业的岗位序列做了充分的调研，包括研究从业人员技术方向、项目经验和职业素质等方面的需求，通过对面向学生的自身特点、行业需求与现状以及实施等方面的详细分析，结合厚溥对软件人才培养模式的认知，按照软件专业总体定位要求，进行软件专业产品课程体系设计。该体系集应用软件知识和多领域的实践项目于一体，着重培养学生的熟练度、规范性、集成和项目能力，从而达到预定的培养目标。整个体系基于ECDIO工程教育课程体系开发技术，可以全面提升学生的价值和学习体验。

一、移动互联网开发工程师

在移动终端市场竞争下，为赢得更多用户的青睐，许多移动互联网企业将目光瞄准在应用程序创新上。如何开发出用户喜欢，并能带来巨大利润的应用软件，成为企业思考的问题，然而这一切都需要移动互联网开发工程师来实现。移动互联网开发工程师成为求职市场的宠儿，不仅薪资待遇高，福利好，更有着广阔的发展前景，倍受企业重视。

移动互联网企业对Android和Java开发工程师需求如下：

已选条件：	Java(职位名)	Android(职位名)
共计职位：	共51014条职位	共18469条职位

1. 职业规划发展路线

Android				
★	★★	★★★	★★★★	★★★★★
初级Android开发工程师	Android开发工程师	高级Android开发工程师	Android开发经理	移动开发技术总监
Java				
★	★★	★★★	★★★★	★★★★★
初级Java开发工程师	Java开发工程师	高级Java开发工程师	Java开发经理	技术总监

2. 素质能力提升路径

1 大学生	2 大学生活	3 学习习惯	4 职业目标	5 沟通表达	6 自我管理
12 准职业人	11 职业路线	10 求职技能	9 就业意识	8 融入团队	7 形象礼仪

3. 专业技能提升路径

1 大学生	2 计算机基础	3 编程基础	4 软件工程	5 数据库	6 网站技术
12 准职业人	11 产品规划	10 项目技能	9 高级应用	8 APP开发	7 基础应用

4. 项目介绍

(1) 酒店点餐助手

(2) 音乐播放器

二、智能应用开发工程师

　　随着物联网技术的高速发展，我们生活的整个社会智能化程度将越来越高。在不久的将来，物联网技术必将引起我国社会信息的重大变革，与社会相关的各类应用将显著提升整个社会的信息化和智能化水平，进一步增强服务社会的能力，从而不断提升我国的综合竞争力。 智能应用开发工程师未来将成为热门岗位。

　　智能应用企业每天对.NET开发工程师需求约15957个需求岗位(数据来自51job)：

已选条件：	.NET(职位名)
共计职位：	共15957条职位

1. 职业规划发展路线

★	★★	★★★	★★★★	★★★★★
初级.NET 开发工程师	.NET 开发工程师	高级.NET 开发工程师	.NET 开发经理	技术总监
★	★★	★★★	★★★★	★★★★★
初级 开发工程师	智能应用 开发工程师	高级 开发工程师	开发经理	技术总监

2. 素质能力提升路径

1 大学生	2 大学生活	3 学习习惯	4 职业目标	5 沟通表达	6 自我管理
12 准职业人	11 职业路线	10 求职技能	9 就业意识	8 融入团队	7 形象礼仪

3. 专业技能提升路径

1 大学生	2 计算机基础	3 编程基础	4 软件工程	5 数据库	6 网站技术
12 准职业人	11 产品规划	10 项目技能	9 高级应用	8 智能开发	7 基础应用

4. 项目介绍

(1) 酒店管理系统

(2) 学生在线学习系统

三、企业信息化应用工程师

当前，世界各国信息化快速发展，信息技术的应用促进了全球资源的优化配置和发展模式创新，互联网对政治、经济、社会和文化的影响更加深刻，围绕信息获取、利用和控制的国际竞争日趋激烈。企业信息化是经济信息化的重要组成部分。

IT企业每天对企业信息化应用工程师需求约11248个需求岗位（数据来自51job）：

已选条件：	ERP实施(职位名)
共计职位：	共11248条职位

1. 职业规划发展路线

初级实施工程师	实施工程师	高级实施工程师	实施总监
信息化专员	信息化主管	信息化经理	信息化总监

2. 素质能力提升路径

1 大学生	2 大学生活	3 学习习惯	4 职业目标	5 沟通表达	6 自我管理
12 准职业人	11 职业路线	10 求职技能	9 就业意识	8 融入团队	7 形象礼仪

3. 专业技能提升路径

1 大学生	2 计算机基础	3 编程基础	4 软件工程	5 数据库	6 网站技术
12 准职业人	11 产品规划	10 项目技能	9 高级应用	8 实施技能	7 基础应用

4. 项目介绍

(1) 金蝶K3

(2) 用友U8

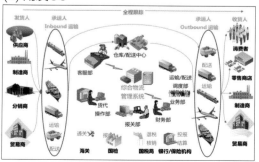

在信息网络时代，网络技术的发展和应用改变了信息的分配和接收方式，改变了人们生活、工作、学习、合作和交流的环境，企业也必须积极利用新技术变革企业经营理念、经营组织、经营方式和经营方法，搭上技术发展的快车，促进企业飞速发展。网络营销是适应网络技术发展与信息网络时代社会变革的新生事物，必将成为跨世纪的营销策略。

互联网企业每天对网络营销工程师需求约47956个需求岗位(数据来自51job)：

已选条件：	网络推广SEO(职位名)
共计职位：	共47956条职位

1. 职业规划发展路线

网络推广专员	网络推广主管	网络推广经理	网络推广总监
网络运营专员	网络运营主管	网络运营经理	网络运营总监

2. 素质能力提升路径

1 大学生	2 大学生活	3 学习习惯	4 职业目标	5 沟通表达	6 自我管理
12 准职业人	11 职业路线	10 求职技能	9 就业意识	8 融入团队	7 形象礼仪

3. 专业技能提升路径

1 大学生	2 计算机基础	3 编程基础	4 网站建设	5 数据库	6 网站技术
12 准职业人	11 产品规划	10 项目实战	9 电商运营	8 网络推广	7 网站SEO

4. 项目介绍

(1) 品牌手表营销网站

(2) 影院销售网站

HITE 6.0 软件开发与应用工程师

工信部国家级计算机人才评定体系

使用 PHP 开发 Web 应用程序

武汉厚溥教育科技有限公司　编著

清华大学出版社

北　京

内 容 简 介

本书按照高等院校、高职高专计算机课程基本要求,以案例驱动的形式来组织内容,突出计算机课程的实践性特点。本书共包括 10 个单元:MySQL 概述、MySQL 基本操作、使用 SQL 语句、高级对象、PHP 起点、PHP 数组和字符串、PHP 面向对象、文件上传和异常处理、PHP 操作 MySQL,以及 Cookie、Session 及图像处理。

本书内容安排合理,层次清楚,通俗易懂,实例丰富,突出理论与实践的结合,可作为各类高等院校、高职高专及培训机构的教材,也可供广大计算机程序设计人员参考。

图书在版编目(CIP)数据

使用 PHP 开发 Web 应用程序 / 武汉厚溥教育科技有限公司 编著. —北京:清华大学出版社,2019

(HITE 6.0 软件开发与应用工程师)

ISBN 978-7-302-52509-7

Ⅰ. ①使…　Ⅱ. ①武…　Ⅲ. ①PHP 语言—程序设计　Ⅳ. ①TP312.8

中国版本图书馆 CIP 数据核字(2019)第 043722 号

责任编辑:刘金喜
封面设计:贾银龙
版式设计:孔祥峰
责任校对:成凤进
责任印制:宋　林

出版发行:清华大学出版社
　　　　网　　　址:http://www.tup.com.cn,http://www.wqbook.com
　　　　地　　　址:北京清华大学学研大厦 A 座　　　　　邮　　编:100084
　　　　社 总 机:010-62770175　　　　　　　　　　　　邮　　购:010-62786544
　　　　投稿与读者服务:010-62776969,c-service@tup.tsinghua.edu.cn
　　　　质 量 反 馈:010-62772015,zhiliang@tup.tsinghua.edu.cn
印 装 者:北京国马印刷厂
经　　销:全国新华书店
开　本:185mm×260mm　　印　张:15.5　插　页:2　字　数:368 千字
版　次:2019 年 4 月第 1 版　　印　次:2019 年 4 月第 1 次印刷
定　价:69.00 元

产品编号:082673-01

编委会

前 言

　　超文本预处理器(Hypertext Preprocessor，PHP)是一种通用开源脚本语言，其语法吸收了 C 语言、Java 和 Perl 的特点，入门门槛较低，易于学习，使用广泛，主要适用于 Web 开发领域。PHP 的文件扩展名为 php。PHP 独特的语法混合了 C、Java、Perl 以及 PHP 自创的语法，它可以比 CGI 或者 Perl 更快速地执行动态网页。用 PHP 做出的动态页面与其他编程语言相比，PHP 是将程序嵌入到 HTML(标准通用标记语言下的一个应用)文档中去执行，执行效率比完全生成 HTML 标记的 CGI 要高许多。PHP 还可以执行编译后代码，编译可以达到加密和优化代码运行，使代码运行更快的目的。

　　本书是"工信部国家级计算机人才评定体系"中的一本专业教材。"工信部国家级计算机人才评定体系"是由武汉厚溥教育科技有限公司开发，以培养符合企业需求的软件工程师为目标的 IT 职业教育体系。在开发该体系之前，我们对 IT 行业的岗位序列做了充分的调研，包括研究从业人员技术方向、项目经验和职业素质等方面的需求，通过对所面向学生的特点、行业需求的现状以及项目实施等方面的详细分析，结合我公司对软件人才培养模式的认知，按照软件专业总体定位要求，进行软件专业产品课程体系设计。该体系集应用软件知识和多领域的实践项目于一体，着重培养学生的熟练度、规范性、集成和项目能力，从而达到预定的培养目标。

　　本书共包括十个单元：MySQL 概述、MySQL 基本操作、使用 SQL 语句、高级对象、PHP 起点、PHP 数组和字符串、PHP 面向对象、文件上传和异常处理、PHP 操作 MySQL，以及 Cookie、Session 及图像处理。

　　我们对本书的编写体系做了精心的设计，按照"理论学习—知识总结—上机操作—课后习题"这一思路进行编排。"理论学习"部分描述通过案例要达到的学习目标与涉及的相关知识点，使学习目标更加明确；"知识总结"部分概括案例所涉及的知识点，使知识点完整系统地呈现；"上机操作"部分对案例进行了详尽分析，通过完整的步骤帮助读者快速掌握该案例的操作方法；"课后习题"部分帮助读者理解章节的知识点。本书在内容编写方面，力求细致全面；在文字叙述方面，注意言简意赅、重点突出；在案例选取方面，强调案例的针对性和实用性。

　　本书凝聚了编者多年来的教学经验和成果，可作为各类高等院校、高职高专计算机相关专业及培训机构的教材，也可供广大程序设计人员参考。

　　本书由武汉厚溥教育科技有限公司编著，由翁高飞、余剑、魏焕新、肖玉朝、王鹏、段平等多名企业实战项目经理编写。本书编者长期从事项目开发和教学实施，并且对当前高校的教学情况非常熟悉，在编写过程中充分考虑到不同学生的特点和需求，加强了项目实战方面的教学。本书编写过程中，得到了武汉厚溥教育科技有限公司各级领导的大力支持，在此对他们表示衷心的感谢。

　　参与本书编写的人员还有：长沙商贸旅游职业技术学院的张田、武汉交通职业学院的胡迎九、黄庆、熊慧、黄玮、张烈超，咸阳职业技术学院的李焕、师哲等。

　　限于编写时间和编者的水平，书中难免存在不足之处，希望广大读者批评指正。

　　服务邮箱：wkservice@vip.163.com。

编　者

2018 年 10 月

目 录

单元一　MySQL 概述 ···················· 1

1.1　数据库基础 ························· 2

　1.1.1　什么是数据库 ··············· 2

　1.1.2　关系型数据库 ··············· 2

　1.1.3　数据表 ····················· 3

　1.1.4　列、数据类型和行 ········· 3

　1.1.5　主键 ······················· 3

1.2　MySQL 简介 ······················ 4

　1.2.1　MySQL 的特性 ············· 4

　1.2.2　MySQL 的应用 ············· 5

　1.2.3　MySQL 的管理 ············· 5

　1.2.4　MySQL 许可说明 ·········· 5

1.3　MySQL 安装与配置 ············· 6

　1.3.1　MySQL 的安装 ············· 6

　1.3.2　MySQL 的配置向导 ········· 8

　【单元小结】 ····················· 11

　【单元自测】 ····················· 11

单元二　MySQL 基本操作 ·········· 13

2.1　连接 MySQL 服务器 ··········· 14

　2.1.1　启动 MySQL 服务 ·········· 14

　2.1.2　启用 MySQL 命令行
　　　　程序 ····················· 15

　2.1.3　检测 MySQL 命令行
　　　　程序 ····················· 16

　2.1.4　退出命令行 ··············· 18

2.2　MySQL 的数据类型 ············· 18

　2.2.1　MySQL 数据类型 ·········· 19

　2.2.2　MySQL 列类型 ············· 19

2.3　建立数据库及数据表 ··········· 21

　2.3.1　创建数据库 ··············· 21

　2.3.2　删除数据库 ··············· 22

　2.3.3　选择数据库 ··············· 23

　2.3.4　创建数据表 ··············· 23

　2.3.5　删除表 ····················· 25

　2.3.6　重命名表 ··············· 25

2.4　MySQL 中的常用函数 ··········· 26

　2.4.1　文本处理函数 ············· 26

　2.4.2　日期和时间处理函数 ········· 27

　2.4.3　数值处理函数 ············· 27

　【单元小结】 ····················· 28

　【单元自测】 ····················· 28

　【上机实战】 ····················· 28

　【拓展作业】 ····················· 31

单元三　使用 SQL 语句 ············· 33

3.1　基本数据操作语句 ············· 34

　3.1.1　浏览数据表记录
　　　　SELECT ················· 34

　3.1.2　插入数据 INSERT ········· 35

　3.1.3　修改数据 UPDATE ········· 37

　3.1.4　删除数据 DELETE ········· 38

3.1.5 更新和删除的注意
事项 ·················· 39
3.2 高级查询 ···················· 39
3.2.1 复杂查询 ·············· 40
3.2.2 模糊查询 ·············· 43
3.2.3 子查询 ················· 44
3.2.4 聚合函数 ·············· 45
3.2.5 多表联合 ·············· 46
【单元小结】·················· 48
【单元自测】·················· 48
【上机实战】·················· 48
【拓展作业】·················· 52

单元四 高级对象 ················· 53
4.1 视图 ························ 54
4.1.1 视图优势 ·············· 54
4.1.2 视图的常见应用 ······· 54
4.1.3 视图遵循的规则 ······· 55
4.1.4 创建视图 ·············· 55
4.1.5 修改视图 ·············· 56
4.1.6 删除视图 ·············· 56
4.2 存储过程 ···················· 56
4.2.1 创建存储过程 ·········· 57
4.2.2 删除存储过程 ·········· 58
4.2.3 有参无返回值的存储
过程 ·················· 58
4.2.4 有参有返回值的存储
过程 ·················· 59
4.3 触发器 ······················ 60
4.3.1 触发事件 ·············· 61
4.3.2 创建触发器 ············ 61
4.3.3 删除触发器 ············ 62
4.3.4 INSERT 触发器 ········ 62
4.3.5 DELETE 触发器 ······· 64
4.3.6 UPDATE 触发器 ······· 65
4.3.7 关于触发器 ············ 66
【单元小结】·················· 66
【单元自测】·················· 66

【上机实战】·················· 67
【拓展作业】·················· 70

单元五 PHP 起点 ················ 73
5.1 PHP 开发环境和配置 ········· 74
5.1.1 安装 Apache 服务器 ······· 74
5.1.2 安装 PHP ················ 76
5.1.3 安装整合套件 WAMP ····· 77
5.2 开发工具 ···················· 77
5.3 第一个 PHP 程序：HELLO,
WORLD! ···················· 78
5.4 PHP 语法基础 ··············· 78
5.4.1 常量 ··················· 78
5.4.2 系统常量 ·············· 79
5.4.3 变量 ··················· 79
5.4.4 PHP 数据类型 ········· 81
5.4.5 PHP 运算符和表达式 ··· 82
5.5 PHP 流程控制 ··············· 84
5.6 跳转语句 ···················· 85
5.6.1 break 跳转语句 ········ 85
5.6.2 continue 跳转语句 ····· 85
5.6.3 return 跳转语句 ······· 86
5.7 文件包含 ···················· 86
5.7.1 使用 include 和 include_once
包含文件 ·············· 86
5.7.2 使用 require 和 require_once
包含文件 ·············· 89
【单元小结】·················· 91
【单元自测】·················· 91
【上机实战】·················· 92
【拓展作业】·················· 95

单元六 PHP 数组和字符串 ········· 97
6.1 一维数组和多维数组 ········· 98
6.2 数组的常用操作 ············· 99
6.2.1 数组的显示创建和
非显示创建 ············ 99
6.2.2 数组的调用与删除 ····· 100

6.2.3　数组的遍历 ·················101

6.3　数组的查找 ·····················103

6.3.1　顺序查找 ·················103

6.3.2　array_search 查找 ·····104

6.4　数组的排序 ·····················104

6.4.1　递增排序 ·················105

6.4.2　递减排序 ·················106

6.5　字符的显示与格式化 ·······106

6.5.1　字符的显示 ·············107

6.5.2　字符的格式化 ·········109

6.6　字符串的常用操作 ···········113

6.6.1　字符串加密：
md5()函数 ·············116

6.6.2　字符串重复操作：
str_repeat()函数 ·····117

6.6.3　字符串查找操作：
strstr()函数 ···········118

6.6.4　字符串替换操作：
str_replace()函数 ·····118

6.6.5　字符串分解操作：
str_split()函数 ·······120

6.6.6　字符串分解成单词：
str_word_count()函数 ·····121

6.6.7　字符串长度：
strlen()函数 ···········122

6.6.8　获取子字符串：
substr()函数 ···········122

【单元小结】 ·················123

【单元自测】 ·················124

【上机实战】 ·················125

【拓展作业】 ·················129

单元七　PHP 面向对象 ···········131

7.1　PHP 中的类和对象 ···········132

7.1.1　声明类和属性、方法的
定义 ·····················132

7.1.2　构造函数和类的实
例化 ·····················133

7.1.3　析构函数 ·················134

7.1.4　类的常量 ·················135

7.2　访问类中的方法和属性 ·····137

7.2.1　访问修饰符 ·············137

7.2.2　静态属性和静态方法·····138

7.2.3　魔术方法 ·················139

7.3　类的继承·····················141

7.3.1　继承方法 ···············142

7.3.2　通过魔术方法实现
"重载" ···············143

7.3.3　使用 final 对继承和重载
进行限制 ···············146

7.4　多态 ···························147

7.5　接口 ···························149

7.5.1　接口的实现·············149

7.5.2　接口的继承·············150

【单元小结】 ·················151

【单元自测】 ·················151

【上机实战】 ·················152

【拓展作业】 ·················155

单元八　文件上传和异常处理 ·········157

8.1　文件的上传与下载 ·········158

8.1.1　开启上传功能 ···········158

8.1.2　POST 方法上传 ·········158

8.1.3　同时上传多个文件 ·····162

8.1.4　文件的下载 ·············165

8.2　PHP 错误类型 ···············166

8.2.1　语法错误 ···············166

8.2.2　语义错误 ···············167

8.2.3　逻辑错误 ···············167

8.2.4　注释错误 ···············168

8.2.5　运行错误 ···············168

8.3　PHP 错误处理 ···············169

8.3.1　错误级别 ···············169

8.3.2　php.ini 对错误处理的
设置 ·····················170

8.3.3　错误处理 ···············170

8.4　PHP 错误处理 …………… 173
8.5　PHP 程序的调试 ………… 176
8.6　使用 ZendStudio 进行
　　　调试 …………………… 177
　　　【单元小结】 …………… 178
　　　【单元自测】 …………… 178
　　　【上机实战】 …………… 179
　　　【拓展作业】 …………… 182

单元九　PHP 操作 MySQL 数据库… 185
9.1　PHP 访问 MySQL 数据库 … 186
　　9.1.1　连接 MySQL 数据库 …… 186
　　9.1.2　断开与 MySQL 数据库的
　　　　　 连接 ………………… 187
　　9.1.3　选择和使用 MySQL
　　　　　 数据库 ……………… 188
　　9.1.4　执行 MySQL 指令 …… 189
　　9.1.5　操作结果集 ………… 191
9.2　操作 MySQL 数据库中的
　　　数据 …………………… 194
　　9.2.1　添加数据 …………… 194
　　9.2.2　修改数据 …………… 196
　　9.2.3　删除数据 …………… 200
　　9.2.4　获取数据库的信息 … 201
　　　【单元小结】 …………… 203
　　　【单元自测】 …………… 203
　　　【上机实战】 …………… 204
　　　【拓展作业】 …………… 207

单元十　Cookie、Session 及图像
　　　　 处理 …………………… 209
10.1　概述 …………………… 210
　　10.1.1　Cookie 的概念 …… 210
　　10.1.2　Session 的概念 …… 211
10.2　Cookie 操作与应用 …… 211
　　10.2.1　设置 Cookie ……… 212
　　10.2.2　访问 Cookie ……… 213
　　10.2.3　删除 Cookie ……… 213
　　10.2.4　Cookie 全局数组 … 213
　　10.2.5　Cookie 综合案例 … 214
10.3　Session 操作与应用 …… 217
　　10.3.1　Session 的使用 …… 217
　　10.3.2　Session 检测与注销 … 218
　　10.3.3　Session 全局数组 … 220
　　10.3.4　Session 综合案例 … 220
10.4　图像处理 ……………… 223
　　10.4.1　图像库简介 ……… 223
　　10.4.2　基本图像处理 …… 225
　　10.4.3　图像处理案例——
　　　　　　生成验证码图片 … 227
　　　【单元小结】 …………… 230
　　　【单元自测】 …………… 230
　　　【上机实战】 …………… 231
　　　【拓展作业】 …………… 235

参考文献 ……………………… 237

单元 一

MySQL 概述

 课程目标

► 掌握数据库基础知识
► 了解 MySQL
► 掌握 MySQL 的安装

 **简 介**

MySQL 是 MySQL AB 公司的数据库管理系统软件(2008 年被 Sun 公司收购)，是较流行的、开源的关系型数据库管理系统。

MySQL 和 Microsoft SQL Server、Oracle 等软件一样，是一种关系型数据库管理系统(Relational Database Management System，简称 RDBMS)，是用于管理数据库的软件系统。MySQL 一词中的 SQL 是结构化查询语言(Structure Query Language)的缩写，是用于操作数据库的常用标准语言，由美国国家标准局(ANSI)和国际化标准组织(ISO)定义。

MySQL 的官方网站是 www.mysql.com，在这里可以找到关于 MySQL 的各种信息，包括软件下载、使用手册、许可说明、应用案例等。

1.1 数据库基础

下面是一些数据库基本概念的简要介绍。如果用户已经具有一定的数据库基础和应用经验，那么以下的内容可以用于学习巩固；如果用户是一个数据库新手，那么以下的内容将为学习 MySQL 提供必要的基础准备。对于数据库基本概念的理解也是掌握 MySQL 数据库的一个重要组成部分，如果有必要，可以查阅一些有关数据库基础知识的书籍。

1.1.1 什么是数据库

数据库是指按照数据结构来组织、存储和管理数据的"仓库"。

在经济管理的日常工作中，常需要把某些相关的数据放进这样的"仓库"，并根据管理的需要进行相应的处理。例如，企业或事业单位的人事部门常常要把本单位职工的基本情况(职工号、姓名、年龄、性别、籍贯、工资、简历等)存放在表中，这张表就可以看成是一个数据库。有了这个"数据仓库"，我们就可以根据需要随时查询某职工的基本情况，也可以查询工资在某个范围内的职工人数，等等。这些工作如果都能在计算机上自动进行，那么我们的人事管理就可以达到极高的水平。

此外，在财务管理、仓库管理、生产管理中也需要建立众多的这种"数据库"，使其可以利用计算机实现财务、仓库、生产的自动化管理。

1.1.2 关系型数据库

关系型数据库，是建立在关系模型基础上的数据库，借助于集合代数等数学概念和方法来处理数据库中的数据。现实世界中的各种实体以及实体之间的各种联系均用关系模型来表示。

关系型数据库是目前最为流行的大型数据库存储与管理模式。在关系型数据库中，数据保存在一组数据表中，数据表以行、列的形式存储数据，类似于电子表格。数据表中每一行称为一条记录，一条记录是一组彼此相关的数据的集合，如一名员工的姓名、地址、职位等数据组成的一行记录。每一行记录由一列或者多列组成，每一列称为一个字段，保存一个单独的数据，如姓名。

1.1.3　数据表

数据表(或称表)是数据库最重要的组成部分之一。数据库只是一个框架，数据表才是其实质内容。根据信息的分类情况，一个数据库中可能包含若干个数据表。如"教学管理系统"中，教学管理数据库包含并围绕特定主题的6个数据表："教师"表、"课程"表、"成绩"表、"学生"表、"班级"表和"授课"表，用来管理教学过程中学生、教师、课程等信息。这些各自独立的数据表通过建立关系被连接起来，成为可以交叉查阅、一目了然的数据库。

数据表是数据库中一个非常重要的对象，是其他对象的基础。没有数据表，关键字、主键、索引等也就无从谈起。

为减少数据输入错误，并能使数据库高效工作，表的设计应按照一定原则对信息进行分类。同时，为确保表结构设计的合理性，通常还要对表进行规范化设计，以消除表中存在的冗余，保证一个表只围绕一个主题，并使表容易维护。

1.1.4　列、数据类型和行

列指表中的一个字段。所有表都是由一个或多个列组成的。表中的每一列存储着一条特定的信息。例如，在学生信息表中，一个列存储着学生编号，另一个列存储着学生姓名，而存储学生家庭联系方式的地址、城市、邮政编码全都存储在单独的列中。

如何把需要存储的数据正确地分解为多个列是极为重要的。例如，省份、城市、邮编应该是单独的列。这样，在以后进行按条件查询、筛选、排序时，将会非常方便；反之，如果这些数据存储在一个列，以上的操作将会非常困难。

数据库中的每一个列都有相应的数据类型。数据类型定义列可以存储的数据种类。例如，学生年龄应该用数字类型，家庭住址应该用字符类型，入学时间应该用日期时间类型，等等，MySQL中可以使用的数据类型有数值值、(字符)串值、日期和时间值、NULL值，具体内容将在后续章节中介绍。

数据表中的数据是以行为单位存储的，所保存的每条记录存储在自己的行内。例如，在一行内记录一个学生的具体信息。

1.1.5　主键

主键是表中数据行的唯一标识。表中每一行都应该有可以唯一标识自己的一列(或一组列)。一个学生信息表可以使用学生编号列作为唯一标识，商品信息表可以使用商品编号作为唯一标识。

唯一标识表中每行的这个列(或这组列)称为主键，主键用来表示一个特定的行。如果没有主键，在对数据表中的行进行数据更新或者删除的时候，就没有能够找到唯一数据行的办法，这将给数据的更新或删除带来非常大的安全隐患。也正因为如此，虽然创建主键并不是必需的，但大多数的数据库设计人员都应该保证他们创建的每个表都有一个主键。

主键通常定义在一个列上，但也不是必需的，如果需要，可以把多个列一起定义为主键。无论是单个列还是多个列作为主键，都应该满足以下条件。

- 同一个表中的任意行的主键值都不允许相同(不允许出现重复的主键值)。
- 表中的每一个行都应该具备主键值(不允许主键值为 NULL)。

推荐以下几个使用主键时的好习惯。

- 不更新主键的值。
- 不重用主键的值。
- 不把可能会更改的值定义为主键。

1.2　MySQL 简介

MySQL 是一个小型关系型数据库管理系统，开发者为瑞典 MySQL AB 公司。在 2008 年 1 月 16 号被 Sun 公司收购。目前 MySQL 被广泛地应用在 Internet 上的中小型网站中。由于其体积小、速度快、总体拥有成本低，尤其是开放源码这一特点，使许多中小型网站为了降低网站总体拥有成本而选择了 MySQL 作为网站数据库。

1.2.1　MySQL 的特性

MySQL 具有以下主要特性。

- 使用 C 和 C++编写，并使用了多种编译器进行测试，保证源代码的可移植性。
- 支持 AIX、FreeBSD、HP-UX、Linux、Mac OS、Novell Netware、OpenBSD、OS/2 Wrap、Solaris、Windows 等多种操作系统。
- 为多种编程语言提供了 API。这些编程语言包括 C、C++、Eiffel、Java、Perl、PHP、Python、Ruby 和 Tcl 等。
- 支持多线程，充分利用 CPU 资源。
- 优化的 SQL 查询算法，有效地提高查询速度。
- 既能够作为一个单独的应用程序应用在客户端服务器网络环境中，也能够作为一个库而嵌入到其他的软件中提供多语言支持，常见的编码如中文的 GB2312、BIG5，日文的 Shift_JIS 等都可以用作数据表名和数据列名。
- 提供 TCP/IP、ODBC 和 JDBC 等多种数据库连接途径。

- 提供用于管理、检查、优化数据库操作的管理工具。
- 可以处理拥有上千万条记录的大型数据库。

1.2.2　MySQL 的应用

与其他大型数据库如 Oracle、DB2、SQL Server 等相比，MySQL 自有它的不足之处，如规模小、功能有限(MySQL Cluster 的功能和效率都相对比较差)等，但是这丝毫没有减少它受欢迎的程度。对于一般的个人使用者和中小型企业来说，MySQL 提供的功能已经绰绰有余，而且由于 MySQL 是开放源码软件，因此可以大大降低总体成本。

目前 Internet 上流行的网站构架方式是 LAMP(Linux+Apache+MySQL+PHP)，即使用 Linux 作为操作系统，Apache 作为 Web 服务器，MySQL 作为数据库，PHP 作为服务器端脚本解释器。由于这四个软件都是遵循 GPL 的开放源码软件，因此使用这种方式可以建立起一个稳定、免费的网站系统。

1.2.3　MySQL 的管理

可以使用命令行工具管理 MySQL 数据库(命令 mysql 和 mysqladmin)，也可以从 MySQL 的网站下载图形管理工具 MySQL Administrator 和 MySQL Query Browser。

phpMyAdmin 是由 PHP 写成的 MySQL 资料库系统管理程式，让管理者可用 Web 界面管理 MySQL 资料库。

phpMyBackupPro 也是由 PHP 写成的，可以通过 Web 界面创建和管理数据库。它可以创建伪 cronjobs，可以用来自动在某个时间或周期备份 MySQL 数据库。

另外，还有其他的 GUI 管理工具，如之前的 mysql-front 以及 ems mysql manager、navicat 等。

1.2.4　MySQL 许可说明

虽然 MySQL 是免费的开源软件，但是 MySQL AB 依然拥有源代码的版权。MySQL AB 为 MySQL 制定了双重许可机制：用户可以在遵循通用公共许可证的前提下免费使用 MySQL；也可以通过付费方式从 MySQL AB 公司获得商业许可证。两种许可方式获得的软件是相同的，但许可证和使用权限不同。更多信息参见 http://www.fsf.org/licenses 上有关 GPL 的详细内容。

MySQL AB 允许在不发布软件的前提下，或者在遵循 GPL 协议的前提下使用 MySQL。如果你开发的软件也遵循 GPL 协议，那么可以将 MySQL 和你的软件在遵循 GPL 的前提下一起发布。

然而，如果你开发的项目需要通过 MySQL 实现其功能，并且将依据收费许可证出售该软件，则必须购买 MySQL AB 的商业许可证。还有其他一些情况可能也会用到商业许可协议。关于何时必须购买商业许可证，请参见 http://www.mysql.com/company/

legal/licensing 了解详细信息。

MySQL AB 除了拥有 MySQL 的版权之外，还拥有其注册商标权。因此，在你发布的软件中是不允许出现 MySQL 的。

1.3 MySQL 安装与配置

MySQL 支持多种平台,在各个平台下的安装与配置过程都比较简单,本节将以 Windows 环境下的安装为例，讲解 MySQL 的安装过程。

1.3.1 MySQL 的安装

打开下载的安装文件，出现如图 1-1 所示的界面。MySQL 安装向导启动，单击 Next 按钮继续。弹出选择安装类型的界面如图 1-2 所示。

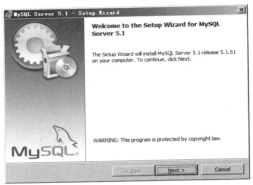

图 1-1

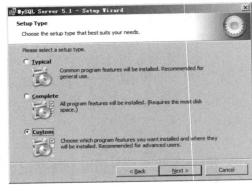

图 1-2

选择安装类型，有 Typical(默认)、Complete(完全)、Custom(用户自定义)三个选项，我们选择"Custom"选项，有更多的选项，也方便熟悉安装过程。

选择安装内容如图 1-3 所示。

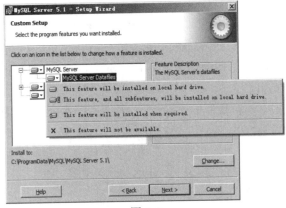

图 1-3

在 MySQL Server(MySQL 服务器)上单击左键，选择"This feature, and all subfeatures, will be installed on local hard drive.",即"此部分，及下属子部分内容，全部安装在本地硬盘上"选项。单击 Change 按钮，手动指定安装目录。

选择安装目录如图 1-4 所示。

确认一下先前的设置面板，如图 1-5 所示，若有误，单击 Back 按钮返回重新设置。若无误，单击 Install 按钮开始安装。

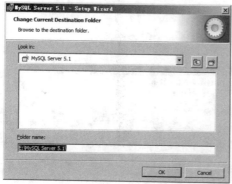
图 1-4

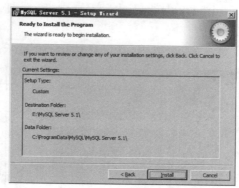
图 1-5

正在安装的界面如图 1-6 所示。安装完成后，出现如图 1-7 所示的界面。

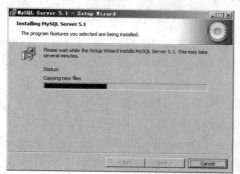
图 1-6

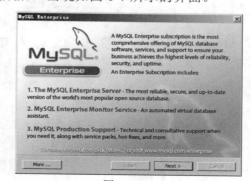
图 1-7

单击 Next 按钮继续，出现如图 1-8 所示的界面。

图 1-8

　　软件安装完成，出现图 1-8 所示的界面。这里有一个很好的功能——MySQL 配置向导，不用像以前一样，自己手动配置 my.ini 了，选中 Configure the MySQL Server now 前的复选框，单击 Finish 按钮结束软件的安装并启动 MySQL 配置向导。

1.3.2　MySQL 的配置向导

　　在图 1-8 中的界面上单击 Finish 按钮，出现如图 1-9 所示的界面，MySQL Server 配置向导启动。

　　单击 Next 按钮，出现如图 1-10 所示的选择配置方式的界面。

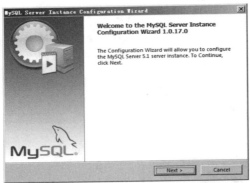

图 1-9　　　　　　　　　　　　　　　　图 1-10

　　MySQL 的配置方式有 Detailed Configuration(手动精确配置)和 Standard Configuration(标准配置)两种，我们选择 Detailed Configuration 配置方式，方便熟悉配置过程。

　　单击 Next 按钮，出现如图 1-11 所示的选择服务器类型界面。

　　MySQL 的服务器类型有 Developer Machine(开发测试类，MySQL 占用很少资源)、Server Machine(服务器类型，MySQL 占用较多资源)、Dedicated MySQL Server Machine(专门的数据库服务器，MySQL 占用所有可用资源)三种，大家根据自己的类型选择，一般选择 Server Machine 类型，不会太少，也不会占满。

　　单击 Next 按钮，出现如图 1-12 所示的选择数据库大致用途界面。

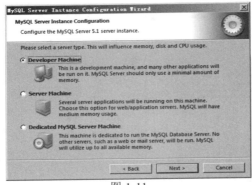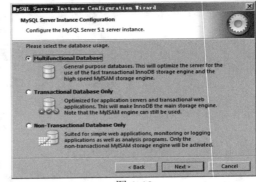

图 1-11　　　　　　　　　　　　　　　　图 1-12

　　MySQL 数据库的大致用途有 Multifunctional Database(通用多功能型，好)、Transactional Database Only(服务器类型，专注于事务处理，一般)、Non-Transactional Database Only(非事务处理型，较简单，主要做一些监控、记数用，对 MyISAM 数据类型的支持仅限于 non-transactional)三种，可根据自己的用途来选择，这里选择 Transactional Database Only 用途，单击 Next 按钮继续，出现如图 1-13 所示的配置界面。

　　对 InnoDB Tablespace 进行配置，即为 InnoDB 数据库文件选择一个存储空间，如果修改了，要记住位置，重装的时候要选择同样的地方，否则可能会造成数据库损坏，当然，对数据库做个备份就没问题了，在此不详述。这里没有修改，使用默认位置，直接单击 Next 按钮继续，出现如图 1-14 所示的界面。

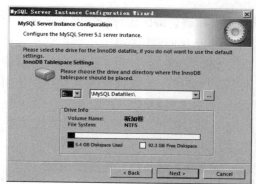
图 1-13

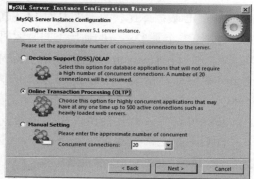
图 1-14

　　选择用户网站的一般 MySQL 访问量，同时连接的数目有 Decision Support(DSS)/OLAP(20 个左右)、Online Transaction Processing(OLTP)(500 个左右)、Manual Setting(手动设置，自己输一个数)三种，可根据自己的服务器进行选择，这里选择 Online Transaction Processing(OLTP)选项，单击 Next 按钮继续，出现如图 1-15 所示的界面。

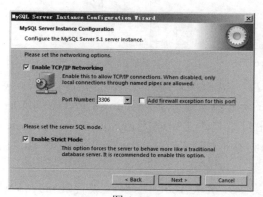
图 1-15

　　设置是否启用 TCP/IP 连接，并设定端口。如果不启用，就只能在自己的机器上访问 MySQL 数据库，这里选择启用，选中 Enable TCP/IP Networking，Port Number 为"3306"，在这个页面上，用户还可以选择"启用标准模式"(Enable Strict Mode)，这样 MySQL 就不会允许细小的语法错误。如果用户是个新手，建议取消标准模式以减少麻烦。但熟悉 MySQL 以后，尽量使用标准模式，因为它可以降低有害数据进入数据库的可能性。还有一个关于防火墙的设置 Add firewall exception for this port 需要选中，但将 MySQL 服务的监听端口加为 Windows 的防火墙例外，避免防火墙阻断。单击 Next 按钮继续，出现如图 1-16 所示的界面。

 注意

如果要用原来数据库的数据，最好能确定原来数据库用的是什么编码，如果这里设置的编码和原来数据库数据的编码不一致，在使用的时候可能会出现乱码。

MySQL 数据库比较重要的是对 MySQL 默认数据库语言编码进行设置，第一个是西文编码，第二个是多字节的通用 UTF8 编码，两个都不是我们通用的编码，因此这里选择第三个，然后在 Character Set 列选框里选择或输入 gbk，当然也可以用 gb2312，区别就是 gbk 的字库容量大，包括了 gb2312 的所有汉字，并且加上了繁体字和其他字。使用 MySQL 的时候，在执行数据操作命令之前运行一次 SET NAMES GBK(运行一次就行了，gbk 可以替换为其他值，视这里的设置而定)，就可以正常使用汉字(或其他文字)了，否则不能正常显示汉字。单击 Next 按钮继续，出现如图 1-17 所示的界面。

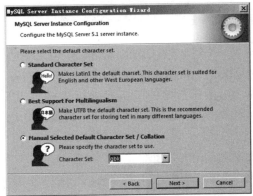
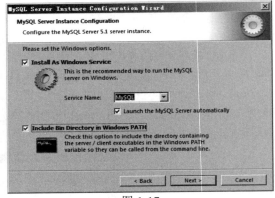

图 1-16   图 1-17

选择是否将 MySQL 安装为 Windows 服务，还可以指定 Service Name(服务标识名称)，是否将 MySQL 的 bin 目录加入到 Windows PATH(加入后，就可以直接使用 bin 下的文件，而不用指出目录名，比如连接 mysql.exe -uusername -ppassword 就可以了，不用指出 mysql.exe 的完整地址，很方便)，这里选择了全部，Service Name 不变。单击 Next 按钮继续，如图 1-18 所示。

这一步询问是否要修改默认 root 用户(超级管理)的密码(默认为空)，New root password 如果要修改，就在此输入新密码(如果是重装，并且之前已经设置了密码，在这里更改密码可能会出错，请留空，并取消选中 Modify Security Settings 前的复选框，安装配置完成后另行修改密码)，在 Confirm(再输一遍)文本框内再输一次，防止输错。Enable root access from remote machines(是否允许 root 用户在其他机器上登录，如果要安全，就不要选择，如果要方便，就选择)。最后建议可以选择 Create An Anonymous

Account(新建一个匿名用户，匿名用户可以连接数据库，不能操作数据，包括查询)选项，设置完毕，单击 Next 按钮继续，出现如图 1-19 所示的界面。

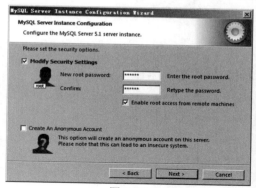
图 1-18

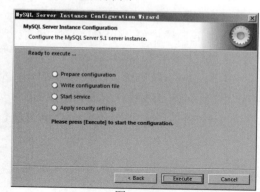
图 1-19

确认设置，若有误，则单击 Back 按钮返回检查。若无误，则单击 Execute 按钮使设置生效。

设置完毕，单击 Finish 按钮结束 MySQL 的安装与配置。这里有一个比较常见的错误，就是不能开启服务(Start service)，一般出现在以前安装有 MySQL 的服务器上。解决的办法是，先保证以前安装的 MySQL 服务器被彻底卸载掉；若不行，检查是否按上面的步骤操作，之前的密码是否有修改；如果依然不行，将 MySQL 安装目录下的 data 文件夹备份，然后删除，在安装完成后，将安装生成的 data 文件夹删除，备份的 data 文件夹移回来，再重启 MySQL 服务就可以了，这种情况下，可能需要将数据库检查一下，然后修复一次，防止数据出错。

【单元小结】

- 数据库管理系统及关系型数据库管理系统
- 数据库及数据库中的表、数据行、列、主键
- MySQL 的特性及应用
- MySQL 的安装与配置

【单元自测】

1. MySQL 是(　　)公司的数据库管理系统软件。
   A. Microsoft　　　　　　　　　　B. MySQL AB
   C. Sun　　　　　　　　　　　　　D. Oracle
2. MySQL 是一种(　　)数据库管理系统。
   A. 层次型　　　　B. 逻辑型　　　　C. 关系型　　　　D. 网络型
3. MySQL 一词中的 SQL 是结构化查询语言，由(　　)定义。
   A. ANSI 和 ISO　　　　　　　　　B. IEEE 和 WWW

C. WWW 和 ANSI   D. ISO 和 IEEE

4. 唯一标识表中每行的这个列称为(   )。

    A. 唯一列   B. 主键列   C. 标识列   D. 组合列

5. 以下描述中是 MySQL 特性的有(   )。

    A. 为多种编程语言提供了 API

    B. 提供 TCP/IP、ODBC 和 JDBC 等多种数据库连接途径

    C. 支持多线程,充分利用 CPU 资源

    D. 提供了层次的数据库查询方法,实现了层次的数据查询

MySQL 基本操作

 课程目标

- ▶ 了解 MySQL 中的数据类型
- ▶ 了解 MySQL 中的函数
- ▶ 掌握建立数据库和数据表的方法
- ▶ 了解数据约束

 简 介

学习 MySQL，需要对数据类型、函数、数据库、数据表及数据约束有深入了解，本单元将会重点介绍 MySQL 数据类型和函数，以及如何创建数据库、数据表及数据约束。

2.1 连接 MySQL 服务器

在具有可供使用的 MySQL DBMS 之后，对数据库的各种操作都可以通过在 MySQL 命令行中执行 SQL 语句完成，也可以通过如 MySQL Query Brower、phpMyAdmin 这种可视化工具来完成。本节将重点介绍在 MySQL 命令行中执行 SQL 语句的方式。

2.1.1 启动 MySQL 服务

在"开始→控制面板→管理工具"命令中找到"服务"选项，双击打开。MySQL 服务的名字在程序安装时进行过设置，默认的服务的名字是 MySQL。在"服务"对话框的"名称"列表中找到它，右击，在弹出的菜单中选择"启动"选项可以启动 MySQL 数据库服务器，如图 2-1 所示。

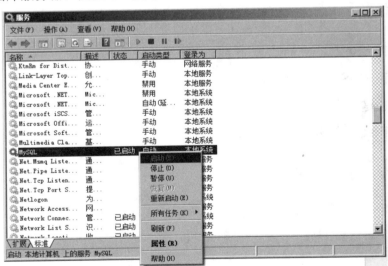

图 2-1

对已启动的 MySQL 数据库服务，可以右击后选择"停止"按钮，以停止 MySQL 数据库服务器的运行。

2.1.2 启用 MySQL 命令行程序

在安装好 MySQL 并启动 MySQL 服务后，有以下两种不同的方法可启用 MySQL 的命令行。

1. 通过"开始"菜单打开

在"开始"→"程序"→MySQL→MySQL Server 5.1→MySQL Command Line Client 命令中打开 MySQL 的命令行，如图 2-2 所示。

在 Enter password 命令行后输入 root 用户的正确密码(root 用户密码在安装过程中配置)，出现如图 2-3 所示的欢迎界面。

图 2-2

图 2-3

2. 使用 Windows 操作系统的命令行

使用 Windows 操作系统的命令行也可以运行 MySQL。在 Windows 操作系统的命令行中输入 mysql 并按 Enter 键，出现如图 2-4 所示的界面。

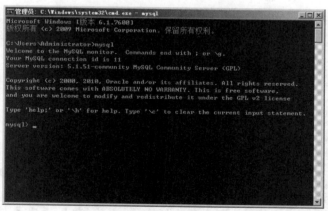
图 2-4

这种方式是以匿名用户的方法连接到 MySQL 数据库的，在指令中并未指定用户名和密码。如果要以特定的用户名和密码连接到 MySQL，请在命令行中输入如下指令。

```
mysql –uroot -p
```

按 Enter 键后，提示输入该用户的密码，如图 2-5 所示。

在输入正确的密码后，会出现欢迎界面，如图 2-6 所示。

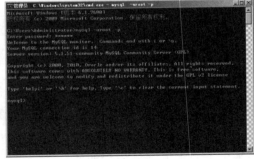

图 2-5   图 2-6

这种是以指定的用户名和密码登录到 MySQL 数据库管理系统，-u 后面紧跟用户名，-p 后面紧跟该用户密码；或者直接写-p，在出现密码提示后以星号的显示方式输入密码；推荐使用后者，相对更安全。

2.1.3   检测 MySQL 命令行程序

在成功开启 MySQL 命令行程序后，可以在 MySQL 命令行程序中运行几个简单的 SQL 语句，以测试一下 MySQL 命令行程序是否正常可用。

查询当前登录的用户名，代码如下。

```
select current_user();
```

按 Enter 键后，显示的查询结果如图 2-7 所示。

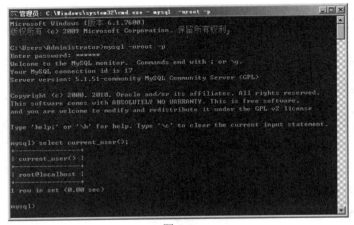

图 2-7

从查询结果可以看到当前是 root 用户在 localhost 上登录到 MySQL 数据库服务器的。

提示

　　MySQL 中的所有 SQL 指令都应该有 ";"(分号)结束；否则，在按 Enter 键后该行 SQL 语句不会执行，而只能起到对指令进行换行的作用。

查询数据库系统当前时间，代码如下。

```
select now();
```

按 Enter 键后，显示的查询结果如图 2-8 所示。

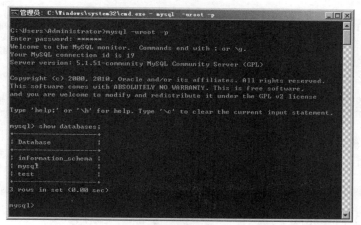

图 2-8

查询数据库系统中的数据库，代码如下。

```
show databases;
```

按 Enter 键后，显示的查询结果如图 2-9 所示。

图 2-9

　　当然，检测命令行程序并不是必需的，但是，以上的 SQL 指令有利于我们在打开 MySQL 数据库服务器后对当前的系统环境有所了解。

2.1.4 退出命令行

在使用完 MySQL 命令行程序后，可以使用 Exit 或 Quit 指令退出，系统给出 Bye
提示，如图 2-10 所示。

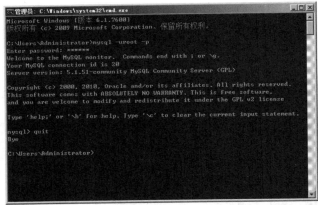

图 2-10

2.2 MySQL 的数据类型

根据定义，数据库管理系统的目的就是管理数据。即使一条简单的 SELECT 1 语
句也涉及表达式求值以产生一个整型数据值。

MySQL 中的每个数据值都有类型。例如，37.4 是一个数，而 abc 是一个串。有时，
数据的类型是明显的，因为在使用 CREATE TABLE 语句时指定了作为表的组成部分定义
的每个列的类型，如：

```
CREATE TABLE my_table
(
int_col INT,
str_col CHAE(20),
date_col DATE
)
```

而有时，数据类型是不明确的，如在一个表达式中直接引用值时，将值传送给一
个函数，或使用从该函数返回的值，如：

```
INSERT INTO my_table (int_col,str_col,date_col) values(14,concat("a","b"),19990115)
```

用 INSERT 语句完成下列操作，这些操作全都涉及数据类型。

● 将整数值 14 赋给整数列 int_col。
● 将串值"a"和"b"传递给函数 CONCAT()。CONCAT()返回串值"ab"，这
    个串值被赋予串列 str_col。

- 将整数值 19990115 赋给日期列 date_col。而这是不匹配的，因此，MySQL 将自动进行数据类型转换。

要想有效地利用 MySQL，必须理解它是怎样处理数据的。下面将分别介绍 MySQL 的数据类型和列类型。

2.2.1　MySQL 数据类型

1. 数值值

数值是诸如 48 或 193.62 这样的值。MySQL 支持说明为整数(无小数部分)或浮点数(有小数部分)的值。整数可按十进制形式或十六进制形式表示。整数由数字序列组成。以十六进制形式表示的整数由"0x"后跟一个或多个十六进制数字("0"到"9"及"a"到"f")组成。例如，0x0a 为十进制的 10。浮点数由一个阿拉伯数字序列、一个小数点和另一个阿拉伯数字序列组成。

2. (字符)串值

串是诸如"Madison, SUN"或"I've got a job in the bag."这样的值。既可用单引号也可用双引号将串值括起来。串中可使用几个转义序列，它们用来表示特殊的字符。每个序列以一个反斜杠"\"开始，表示不同于通常的字符解释。请参见表 2-1 所示的转义序列表。

表 2-1

序　列	说　明	序　列	说　明
\0	NULL 值	\n	新行
\'	单引号	\r	回车
\"	双引号	\t	制表符
\\	反斜杠	\b	退格

3. 日期和时间值

日期和时间是一些诸如"1999-06-17"或"12:30:43"这样的值。MySQL 还支持日期/时间的组合，如"1999-06-17 12:30:43"。需要特别注意的是，MySQL 是按"年-月-日"的顺序表示日期的。

4. NULL 值

NULL 是一种"无类型"的值。它表示的意思是"无值""未知值""丢失的值""溢出值"以及"没有上述值"等。

2.2.2　MySQL 列类型

数据库中的每个表都是由一个或多个列构成的。在用 CREATE TABLE 语句创建一个表时，要为每列指定一个类型。每种列类型都有如下几个特性。

- 其中可以存放什么类型的值。
- 值要占据多少空间，以及该值是否是定长的(所有值占相同数量的空间)或可变长的(所占空间量依赖于所存储的值)。
- 该类型的值怎样比较和存储。
- 此类型是否允许 NULL 值。
- 此类型是否可以索引。

下面将逐一介绍常用列类型的属性。

1. 数值列类型

MySQL 有整数和浮点数值的列类型，如表 2-2 所示。

表 2-2

类型名	说　明	取值范围	存储需求
SMALLINT	较小整数	有符号值：-32768～32767 无符号值：0～65535	2 字节
INT	标准整数	有符号值：$-2^{31}～2^{31}-1$ 无符号值：$0～2^{32}-1$	4 字节
BIGINT	大整数	有符号值：$-2^{63}～2^{63}-1$ 无符号值：$0～2^{64}-1$	8 字节
FLOAT	单精度浮点数	FLOAT(4)最大非零值： ±3.402823466E + 38 FLOAT(8)最大非零值： ±1.7976931348623157E + 308	FLOAT(4) 4 字节 FLOAT(8) 8 字节
DOUBLE	双精度浮点数	DOUBLE[(M,D)]，最小非零值： ±2.2250738585072014E - 308	8 字节
DECIMAL	一个串浮点数	DECIMAL(M, D)可变；其值的范围依赖于 M 和 D	M 字节

2. 串列类型

MySQL 串列类型如表 2-3 所示。串可以存放任何内容，即使是如图像或声音这样的绝对二进制数据也可以存放。串在进行比较时可以设定是否区分大小写。

表 2-3

类型名	说　明	最大尺寸	存储需求(L 指串实际长度)
CHAR	定长字符串	CHAR(M)M 字节	M 字节
VARCHAR	可变长字符串	VARCHAR(M)M 字节	L+1 字节
TEXT	小文本串	$2^{16}-1$ 字节	L+2 字节
LONGTEXT	大文本串	$2^{32}-1$ 字节	L+4 字节

3. 日期与时间列类型

MySQL 提供了几种时间值的列类型，它们分别是 DATE、DATETIME、TIME、

TIMESTAMP 和 YEAR。表 2-4 给出了 MySQL 为定义存储日期和时间值所提供的这些类型，并给出了每种类型的合法取值范围。

表 2-4

类型名	说　明	取值范围	存储需求
DATE	日期	1000-01-01～9999-12-31	3 字节
TIME	时间	-838:59:59～838:59:59	3 字节
DATETIME	日期时间	1000-01-0100:00:00～9999-12-3123:59:59	8 字节
TIMESTAMP[(M)]	自 1970 年开始的时间	19700101000000～237 年的某个时刻	4 字节
YEAR[(M)]	年份	1901～2155	1 字节

2.3　建立数据库及数据表

在了解了如何使用 MySQL 命令行程序执行 SQL 语句及数据类型后，可以尝试在 MySQL 中创建数据库及数据表了。

2.3.1　创建数据库

创建数据库应该使用语句 CREATE DATABASE，该语句的语法如下。

```
CREATE DATABASE [IF NOT EXISTS] db_name
    [create_specification [create_specification] ... ]
```

在以上语句中，各项含义如下。
- CREATE DATABASE 是关键字，创建数据库。
- [IF NOT EXISTS]为可选项，当指定该项时，如果已存在与要创建的数据库同名的数据库，则不创建；如果不使用该项，若已存在与要创建的数据库同名的数据库，则报错。
- db_name 为要创建的数据库名称。
- create_specification 子句定义创建数据库时可选的参数，决定数据库的一些属性。

注意，在本书以后介绍的语法规则均采用以下的描述方式。
- 使用中括号"[]"括起来的为可选项，可有可无。
- 符号"|"表示或，用于表示可选择项的列表，可在列表中的选项是并列的。
- 符号"{}"括起来的，表示多个项中必须选择一个。
- 斜体字表示的是由用户定义的名称或参数。
- 其他为 SQL 关键字。
- SQL 中不区分大小写(但是在 Unix 类操作系统中对大小写是有要求的)。

- 各关键字、名称、参数之间请使用空格隔开，对于同组内容的各项以“，”分隔(如多个字段之间可以用逗号分隔)。

示例：为后续章节的示例创建数据库 db_test，代码如下。

```
mysql>CREATE DATABASE db_test;
```

以上代码运行的效果如图 2-11 所示。

```
mysql> create database db_test;
Query OK, 1 row affected (0.06 sec)

mysql> show databases;

+--------------------+
| Database           |
+--------------------+
| information_schema |
| db_test            |
| mysql              |
| test               |
+--------------------+
4 rows in set (0.00 sec)

mysql>
```

图 2-11

2.3.2 删除数据库

删除数据库使用 DROP DATABASE 语句，该语句语法如下。

```
DROP DATABASE db_name
```

示例：删除当前数据库系统中名为“abc”的数据库，代码如下。

```
mysql>drop database abc
```

以上代码运行的效果如图 2-12 所示。

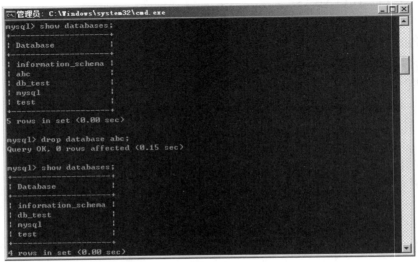

```
管理员: C:\Windows\system32\cmd.exe
mysql> show databases;

+--------------------+
| Database           |
+--------------------+
| information_schema |
| abc                |
| db_test            |
| mysql              |
| test               |
+--------------------+
5 rows in set (0.00 sec)

mysql> drop database abc;
Query OK, 0 rows affected (0.15 sec)

mysql> show databases;

+--------------------+
| Database           |
+--------------------+
| information_schema |
| db_test            |
| mysql              |
| test               |
+--------------------+
4 rows in set (0.00 sec)
```

图 2-12

2.3.3 选择数据库

一个数据库管理系统中的数据库往往有多个，在对数据库中的任何对象进行操作之前，首先要选择数据库。例如，对数据库中的表、视图、存储过程等进行查询、修改、删除等操作，首先要知道操作的对象存放在哪个数据库中，选择了对应的数据库，才能对该数据库中的内容进行操作。

选择数据库的语法如下：

```
USE db_name
```

其中，db_name 为要选择的数据库名；例如，在前面创建的数据库中选择 db_test 数据库的代码如下：

```
mysql>use db_test;
```

可以使用 database()函数检查当前 MySQL 数据库管理系统中选择的数据库是哪一个，以上代码运行的结果如图 2-13 所示。

```
mysql> use db_test;
Database changed
mysql> select database();
+------------+
| database() |
+------------+
| db_test    |
+------------+
1 row in set (0.00 sec)

mysql>
```

图 2-13

如果没有选择任何数据库，则显示的结果如图 2-14 所示。

```
mysql> select database();
+------------+
| database() |
+------------+
| NULL       |
+------------+
1 row in set (0.00 sec)

mysql>
```

图 2-14

2.3.4 创建数据表

创建数据表使用 CREATE TABLE 语句，其基本语法如下。

```
CREATE TABLE [IF NOT EXISTS] tbl_name
(create_definition,...)
[table_option ...]
```

其中：

- IF NOT EXISTS 表示当不存在同名表时才创建。

- tbl_name 表示数据表名称。
- create_definition 子句定义表结构的列表，包括定义表字段、索引、主键、外键等。
- table_option 定义表格属性的列表。

create_definition 子句的语法如下。

```
col_name data_type [ NOT NULL | NULL ] [ DEFAULT default_value ]
    [ AUTO_INCREMENT ] [ UNIQUE [KEY] ] | [PRIMARY KEY] [COMMENT'string']
```

其中，col_name 为字段名称；data_type 为字段类型；NOT NULL 表示该字段不允许插入空值；NULL 表示允许插入空值；DEFAULT default_value 为字段指定默认值；AUTO_INCREMENT 定义该字段为自动增加，默认情况下由 1 开始增加，当列设置为 AUTO_INCREMENT 时，需要设置为 NOT NULL；UNIQUE [KEY]或者[PRIMARY] KEY 定义该字段为主键；[COMMENT'string']为字段添加注释。

示例： 某校图书阅览室需要一个记录书籍、借阅人、借阅记录的数据库。在 db_test 数据库中创建如表 2-5 所示的数据表。

表 2-5

表名		CARD	(借阅人的借书卡信息表)				
主键		CNO					
序号	字段名称	字段说明	类别	位数	属性	备注
1	CNO	卡号	int	4	主键	自增长1
2	NAME	学生姓名	varchar	20	非空	
3	CNAME	班级名称	varchar	20	非空	

创建该数据表的代码如下：

```
mysql> create table CARD(
    -> CNO int(4) primary key auto_increment,
    -> Name varchar(20) not null,
    -> CName varchar(20) not null
    -> );
```

按 Enter 键后，创建表成功，运行的效果如图 2-15 所示。

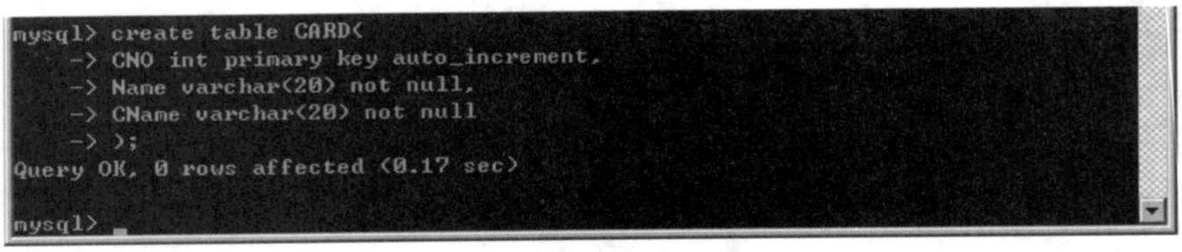

图 2-15

如果要查看当前数据库下的表，可以使用如下所示的 show tables 语句。

```
mysql> show tables;
```

运行的效果如图 2-16 所示。

图 2-16

如果要查看某个表的结构，可以使用 SHOW COLUMNS 语句，其语法如下。

> SHOW COLUMNS FROM tbl_name [FROM db_name]

其中，tbl_name 为表名称，db_name 为数据库名称。如果要查看的表在当前数据库中，可以省略数据库名称；如果要查看的表不在当前数据库中，除了采用上述的语法外，也可以使用 db_name.tbl_name 的方法指定某个数据库的某个表。

示例：查看 db_test 数据库中的 CARD 表结构。代码如下。

> mysql> show columns from db_test.card;

查询的结果如图 2-17 所示。

图 2-17

2.3.5　删除表

删除表使用 DROP TABLE 语句，语法如下。

> DROP TABLE [IF EXISTS] tbl_name [,tbl_name] ...

该语句可以一次删除一个表或者多个表；IF EXISTS 表示当表存在时删除，使用该参数可以避免因为表不存在而报错；tab_name 表示表名。

示例：删除 db_test 数据库中的 card 表的代码如下所示。

> mysql> drop table card;

2.3.6　重命名表

重命名表采用 RENAME TABLE 语句，其语法如下。

RENAME TABLE tbl_name TO new_tbl_name [,tbl_name2 TO new_tbl_name2] ...

该语句可以同时对多个表进行重命名，多个表命名之间以"，"逗号隔开。

示例：将 db_test 数据库中的 card 表重命名为 stu_card，代码如下。

mysql> rename table card TO stu_card;

2.4　MySQL 中的常用函数

与其他大多数计算机语言一样，MySQL 支持利用函数来处理数据。函数一般是在数据上执行的，它给数据的转换和处理提供了方便。

前一部分内容中介绍过的用于得到当前正被用户选择的数据库的 database()就是一个函数的例子。

在 MySQL 中，大多数的 SQL 支持以下类型的函数。

- 用于处理文本串(如文本大小写的转换、取文本中的部分字串)的文本函数。
- 用于处理日期和时间值并从这些值中提取特定成绩(如返回两个日期之差、检查日期有效性等)的日期和时间函数。
- 用于在数值数据上进行算术操作(如返回绝对值、进行除法求余、求平方根)的数学函数。
- 返回 DBMS 正使用的特殊信息(如返回当前登录用户信息、返回当前正被选择的数据信息)的系统函数。

本节将重点介绍前三种，系统函数将在使用到的时候再介绍。

2.4.1　文本处理函数

表 2-6 中列出了某些常用的文本处理函数。

表 2-6

函　　数	说　　明
Left()	返回串左边的字符
Length()	返回串的长度
Locate()	找出一个串中的子串
Lower()	串转为小写
Ltrim()	去掉串左边的空格
Right()	返回串右边的字符
Rtrim()	去掉串右边的空格
SubString()	返回子串的字符
Upper()	串转为大写

2.4.2　日期和时间处理函数

日期和时间采用相应的数据类型和特殊的格式存储。一般，应用程序不使用用来存储日期和时间的格式，因此日期和时间函数总是被用来读取、统计和处理。由于这个原因，日期和时间函数在 MySQL 语言中具有重要的作用。

表 2-7 列出了某些常用的日期和时间处理函数。

表 2-7

函　　数	说　　明
AddDate()	增加一个日期(天、周等)
AddTime()	增加一个时间(时、分等)
CurDate()	返回当前日期
CurTime()	返回当前时间
Date()	返回日期时间的日期部分
DateDiff()	返回两个时间之差
Day()	计算一个日期的天数部分
Hour()	计算一个日期的小时部分
Minute()	计算一个日期的分钟部分
Month()	计算一个日期的月份部分
Now()	返回当前日期和时间
Second()	计算一个日期的秒部分
Time()	返回一个日期时间的时间部分
Year()	计算一个日期的年份部分

2.4.3　数值处理函数

数值处理函数仅处理数值数据，这些函数一般用于代数、三角或几何运算，因此，没有串及日期时间处理函数使用得那么频繁。

表 2-8 中列出了一些常用的数值处理函数。

表 2-8

函　　数	说　　明
Abs()	返回一个数的绝对值
Cos()	返回一个角度的余弦
Exp()	返回一个数的指数值
Mod()	返回除法的余数
Pi()	返回圆周率
Rand()	返回一个随机数

(续表)

函　数	说　明
Sin()	返回一个角度的正弦
Sqrt()	返回一个数的平方根
Tan()	返回一个角度的正切

【单元小结】

- 为执行 SQL 语句打开 MySQL 的命令行程序
- MySQL 的数据类型
- 创建及删除数据库和数据库中的数据表
- MySQL 中的常用函数

【单元自测】

1. 在命令行程序中所写的 SQL 语句应该以(　　)符号结束才能正确执行。
   A. 句号 "。"
   B. 分号 "；"
   C. 逗号 "，"
   D. 什么符号都不需要

2. 以下可以正常退出命令行的方法是？(　　)
   A. Exit 回车　　　　B. Quit 回车　　　　C. Ctrl+C　　　　D. Bye 回车

3. 以下关于数据类型所占存储空间描述不正确的是？(　　)
   A. INT 占有 4 个字节的存储空间
   B. DOUBLE 占有 8 个字节的存储空间
   C. DATE 占有 4 个字节的存储空间
   D. DATETIME 占有 8 个字节的存储空间

4. 以下可以正常删除数据库 temp 的 SQL 语句是(　　)。
   A. Drop Database temp;
   B. Delete Database temp;
   C. Drop Databases temp;
   D. Delete Databases temp;

5. 以下的 SQL 语句中，能正确地将 stu 表改名为 stuInfo 表的是(　　)。
   A. rename table stuInfo TO stu;
   B. rename table stu TO stuInfo;
   C. rename table stuInfo AS stu;
   D. rename table stu AS stuInfo;

【上机实战】

上机目标

- 简单操作 MySQL 数据库

上机练习

练习 1：简单操作数据库。

【问题描述】

练习打开 MySQL 命令行程序，练习创建数据库、选择数据库、删除数据库的 SQL 语句。

【参考步骤】

(1) 按照理论部分所述步骤打开 MySQL 命令行程序，直到出现欢迎界面。

(2) 练习创建 db_test 数据库，代码及运行效果如图 2-18 所示。

图 2-18

(3) 练习创建一个以 my_temp 命名的临时数据库，代码如下。

```
mysql>CREATE DATABASE my_temp;
```

(4) 删除上面创建的 my_temp 数据库，代码如下。

```
mysql>drop database my_temp;
```

(5) 选择前面创建的 db_test 数据库，代码如下。

```
mysql>use db_test
```

练习 2：在 db_test 数据库中创建借书卡信息表。

【问题描述】

练习创建数据表，练习表字段数据类型、主键、非空的不同情况如何处理。

【参考步骤】

(1) 参照理论课步骤创建表 card。

(2) 表的字段要求如表 2-9(与理论课相同)所示。

表 2-9

表名		CARD	（借阅人的借书卡信息表）			
主键		CNO				
序号	字段名称	字段说明	类别	位数	属性	备注
1	CNO	卡号	int	4	主键	自增长 1
2	NAME	学生姓名	varchar	20	非空	
3	CNAME	班级名称	varchar	20	非空	

(3) 如果创建过程中部分字段出错可以把原表删除再创建。

(4) 尝试对表进行重命名，但是要记得改回 card。

(5) 查阅其他参考资料解决问题：如果 CNO 字段要求从 1000 开始每次自增长 1 应该怎么办？

练习 3：在 db_test 数据库中创建图书信息表。

【问题描述】

图书信息表记录了阅览室中收藏的图书信息。练习表的创建、表字段的处理。

【参考步骤】

(1) 参照创建数据表的语法及可用的数据类型。

(2) 图书信息表的字段要求如表 2-10 所示。

表 2-10

表名		BOOKS				
主键		BNO				
序号	字段名称	字段说明	类别	位数	属性	备注
1	BNO	书籍编号	int	4	主键	1000 开始，自增长 1
2	BNAME	书名	varchar	20	非空	
3	AUTHOR	作者	varchar	20		
4	PRICE	价格	decimal(9,2)		非空	
5	QUANITITY	数量	int	4	非空	

(3) 代码及运行效果如图 2-19 所示。

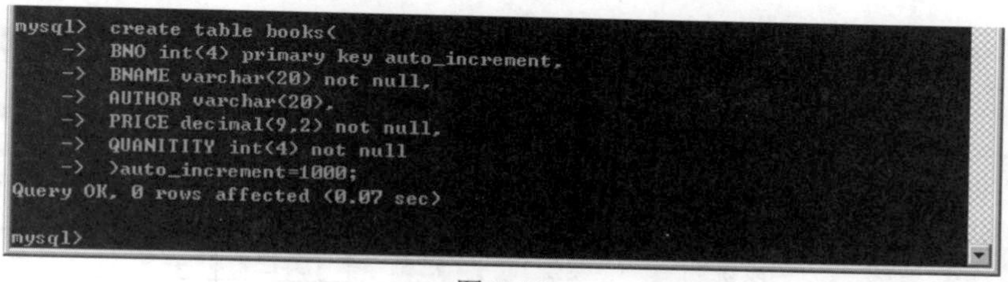

```
mysql> create table books(
    -> BNO int(4) primary key auto_increment,
    -> BNAME varchar(20) not null,
    -> AUTHOR varchar(20),
    -> PRICE decimal(9,2) not null,
    -> QUANITITY int(4) not null,
    -> )auto_increment=1000;
Query OK, 0 rows affected (0.07 sec)

mysql>
```

图 2-19

◆　第二阶段　◆

练习：在 db_test 中创建图书借阅信息表，表字段要求如表 2-11 所示。

表 2-11

表名		BORROW				
主键		ID				
序号	字段名称	字段说明	类别	位数	属性	备注
1	ID	借阅编号	int	4	主键	自增长 1
2	CNO	卡号	int	4	外键	
3	BNO	书号	int	4	外键	
4	RDATE	借阅日期时间	datetime			

请查阅资料完成外键的创建，其中 CNO 要作为外键引用借阅卡信息表的卡号，BNO 作为外键引用书籍信息表的书籍编号；而借阅日期和时间存储为日期时间类型，请参考基本语法完成。

【拓展作业】

1. 创建一个名为 StuDB 的数据库。
2. 在 StuDB 数据库中创建如表 2-12 所示的班级信息表。

表 2-12

表名	ClsInfo		名称	班级信息表		
主键	CID					
序号	字段名称	字段说明	类型	位数	属性	备注
1	CID	班级编号	int	4	非空	主键自增长 1
2	CNAME	班级名称	varchar	20	非空	
3	CreateDate	班级创建时间	datetime	8	非空	

3. 在 StuDB 数据库中创建如表 2-13 所示的学生信息。

表 2-13

表名	StuInfo	实体名称				学生信息表
主键	SID					
序号	字段名称	字段说明	类型	位数	属性	备注
1	SID	学生编号	int	4	非空	自动编号，主键
2	Name	姓名	varchar	20	非空	
3	Age	年龄	int	4		
4	Sex	性别	varchar	20		
5	CID	所属班级	int	4	外键	引用班级表班级编号

4. 在 StuDB 数据库中创建如表 2-14 所示的科目信息表。

表 2-14

表名	SubjectInfo	实体名称				科目信息表
主键	SubID					
序号	字段名称	字段说明	类型	位数	属性	备注
1	SubID	科目编号	int	4	非空	自动编号，主键
2	SubName	科目名称	varchar	20	非空	
3	SubHour	课时量	int	4		

5. 在 StuDB 数据库中创建如表 2-15 所示的学生成绩表。

表 2-15

表名	GradeInfo	实体名称				学生成绩表
主键	GID					
序号	字段名称	字段说明	类型	位数	属性	备注
1	GID	成绩编号	int	4	非空	自动编号，主键
2	SID	学生编号	int	4	外键	引用学生表的学生编号
3	SubID	科目编号	int	4	外键	引用科目表的科目编号
4	Grade	成绩	int	4		
5	Remark	备注	varchar	200		

单元 三

使用 SQL 语句

 **课程目标**

- ▶ 掌握数据记录的基本查询
- ▶ 掌握数据表的增、删、改
- ▶ 掌握复杂数据查询

 简 介

数据操控语言(Data Manipulation Language，DML)用于操作数据库对象中包含的数据，也就是说操作的单位是记录。其主要包含增加、删除、修改和查询操作。本单元重点介绍数据基本查询、增加、删除、修改及复杂查询。

3.1 基本数据操作语句

在完成了数据库和数据表的创建后，就可以对数据表中的数据进行操作；这些操作包括查询数据、增加数据、修改数据、删除数据，本节将对数据操作 SQL 语句进行详细介绍。

3.1.1 浏览数据表记录 SELECT

浏览数据记录使用 SELECT 语句，SELECT 语句功能非常大，本节只介绍 SELECT 语句的最基本语法，高级查询将在后面介绍。SELECT 语句的最基本语法如下。

```
SELECT [*|col_name [,col_name2,....]] FORM tbl_name [WHERE where_condition]
```

其中，*表示要查询的结果集中的所有字段；col_name [,col_name2,....]表示在查询的结果集中选取部分字段；FORM 子句指定要查询的表 tbl_name；WHERE 子句提供查询条件，将满足条件的记录集选取出来。该语句将会按指定查询条件查询表中所有或部分指定字段的内容，返回满足条件的数据记录。

示例：对上一章创建的 db_test 数据库中的 card 表进行查询，代码如下。

```
mysql> select * from card;
```

以上 SQL 语句代码运行结果如图 3-1 所示。

图 3-1

查询结果将显示所有的字段及数据表中的数据记录，如果只需要数据表中的部分字段如 Name 和 CName，其 SQL 代码如下。

```
mysql> select Name,CName from card;
```

运行的效果如图 3-2 所示。

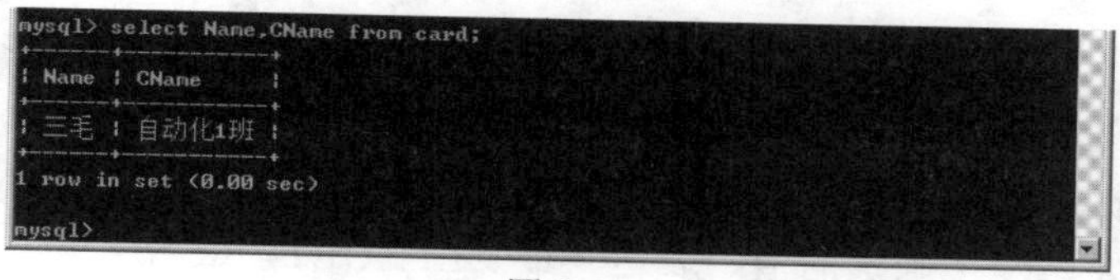

图 3-2

以上 SELECT 语法中的 WHERE 子句是带条件的查询，将在结果集中筛选出满足条件的结果以显示。WHERE 子句的语法规则如下。

expr1 [,{AND | OR} expr2 [,{AND | OR} expr3 [,...]]]

其中，AND 表示与、并且的意思；OR 表示或、或者的意思；AND 和 OR 可以嵌套使用，嵌套使用时，AND 级别高于 OR 级别，也可以通过"()"改变其运算优先级。

示例：查询借阅卡信息表中卡号为 1 的借阅人信息，查询借阅卡信息表中卡号为 2 的借阅人信息。代码如下。

```
mysql> select * from card where cno=1;
mysql> select * from card where cno=2;
```

根据前一个示例的查询结果，已经知道，数据表中只存在卡号为 1 的借阅人记录，不存在卡号为 2 的借阅人记录，因此对卡号为 2 的借阅人记录进行查询，是没有结果可以显示的；以上 SQL 运行的效果如图 3-3 所示。

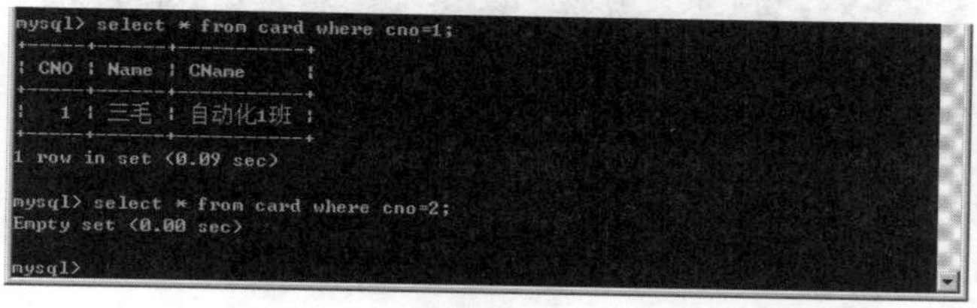

图 3-3

3.1.2 插入数据 INSERT

向数据表中插入记录使用 INSERT 语句，其语法规则如下。

```
INSERT [INTO] tbl_name[(col_name, ....)]
    VALUES ({expr | DEFAULT},....),(...),...
```

其中，[(col_name,...)]为要插入值的字段名称列表；({expr | DEFAULT},....)为插入值列表，expr 为要插入的值或者表达式，DEFAULT 表示插入默认值；列和值在语句中所处的位置要一一对应。

使用 INSERT 语句时，需要注意以下几点。

- 字段名称列表是可选的，但值列表必须提供。
- 字段名称列表可以是表中的部分字段，也可以是全部字段。

- 有自增长列时，不能为自增长列提供值；此时必须填写字段名称列表，且字段名称列表中不能包含自增长列。
- 为字段提供的值和字段的数据类型要相匹配。
- 字段值要是一个确定的值、表达式或 DEFAULT 关键字。

示例：在 card 表中插入几条数据，代码如下。

```
mysql> insert into card(Name,CName) values('四毛','自动化 2 班');
mysql> insert into card(Name,CName) values('五毛','电子 1 班');
mysql> insert into card(Name,CName) values('毛毛','电子 1 班');
mysql> insert into card(Name,CName) values('小毛','自动化 1 班');
```

以上的 SQL 语句逐行按 Enter 键，逐行运行，最终插入到数据表中的结果使用 SELECT 语句查询，如图 3-4 所示。

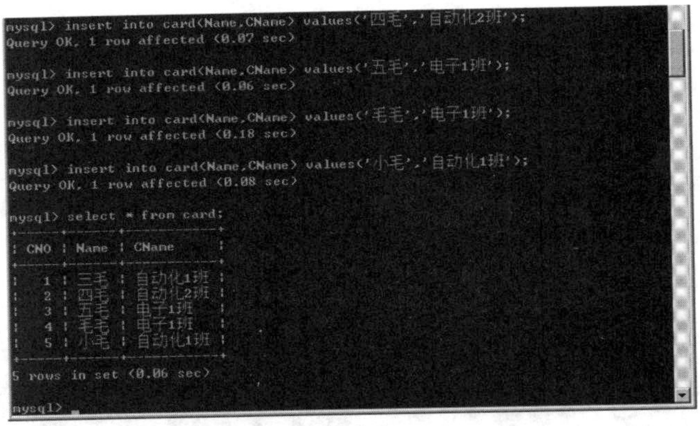

图 3-4

示例：为书籍信息表 books 添加数据如下(后继章节的案例将使用此表数据)：

```
insert into books(BName,AUTHOR,Price,Quantity) vlues('时间这样过', '李曼曼',37.5,400);
insert into books(BName,AUTHOR,Price,Quantity) vlues ('每天都幸福', '同键',56.5,285);
insert into books(BName,AUTHOR,Price,Quantity) vlues ('快乐时代', '李天琪',42.5,185);
insert into books(BName,AUTHOR,Price,Quantity) vlues ('每天学点 PHP', '李梦诗',87.5,700);
insert into books(BName,AUTHOR,Price,Quantity) vlues ('java 是这样学的', '王飞',32.5,380);
insert into books(BName,AUTHOR,Price,Quantity) vlues ('HTML 需懂得', '郑磊',67.5,200);
insert into books(BName,AUTHOR,Price,Quantity) vlues ('大学干什么', '张少龙',27.5,300);
insert into books(BName,AUTHOR,Price,Quantity) vlues ('"专业如何选', '赵六',32,200);
insert into books(BName,AUTHOR,Price,Quantity) vlues ('photoshop 学一点', '黎曼',36,450);
insert into books(BName,AUTHOR,Price,Quantity) vlues ('精英成长记', '李丽',47.5,365);
insert into books(BName,AUTHOR,Price,Quantity) vlues ('幸福是什么', '张七虎',27.5,300);
insert into books(BName,AUTHOR,Price,Quantity) vlues ('专业如何选 3', '赵六',32,200);
insert into books(BName,AUTHOR,Price,Quantity) vlues ('photoshop 学精通', '黎曼',36,450);
insert into books(BName,AUTHOR,Price,Quantity) vlues ('绘画技巧', '李肖丽',47.5,365);
```

对书籍表进行查询，结果如图 3-5 所示。

图 3-5

示例：为书籍信息表 books 添加数据如下(后继章节的案例将使用此表数据)。

```
mysql> insert into borrow(CNO,BNO,RDATE) values(1,1,'2009-9-9');
mysql> insert into borrow(CNO,BNO,RDATE) values(2,4,'2009-9-19');
mysql> insert into borrow(CNO,BNO,RDATE) values(1,3,'2009-9-19');
mysql> insert into borrow(CNO,BNO,RDATE) values(1,3,'2009-9-20');
```

对借阅记录表进行查询，结果如图 3-6 所示。

图 3-6

3.1.3 修改数据 UPDATE

修改数据表中的记录使用 UPDATE 语句，该语句可以把数据记录中的值修改为新值。UPDATE 语句的语法如下。

```
UPDATE [LOW_PRIORITY] [IGNORE] tbl_name
SET col_name=expr1 [,col_name=expr2...]
[WHERE where_condition]
[ORDER BY...]
[LIMIT row_count]
```

其中，LOW_PRIORITY 表示 UPDATE 将被延迟，直到没有客户端从表中读取时才执行 UPDATE 语句；IGNORE 表示即使在更新过程中出现错误，更新语句也不会因为错误而中断执行；SET 表示要修改哪些值并指定新值，可以指定多组"列名=新值"对，其间以"，"逗号分隔；WHERE 子句表示对满足条件的记录进行更新；ORDER BY

表示更新将参照此处所定义的顺序进行；LIMIT 限定了更新的行数，超出 row_count 的行将会无条件中止更新。

示例：修改借阅人卡号为 4 的记录，将其所在班级名称改为"自动化 2 班"，更新的 SQL 代码如下所示。

mysql> update card set CName='自动化 2 班' where CNO=4;

对该数据记录进行更新后，对数据表进行重新查询，效果如图 3-7 所示。

图 3-7

3.1.4 删除数据 DELETE

DELETE 语句将表中的数据记录删除，其语法规则如下。

```
DELETE [LOW_PRIORITY] [IGNORE] FROM tbl_name
[WHERE where_condition]
[ORDER BY ...]
[LIMIT row_count]
```

语法规则中的各项描述与 UPDATE 语句相同，在此不再赘述。

示例：将借阅卡卡号为 5 的借阅卡信息删除，其 SQL 代码如下。

mysql> delete from card where cno=5;

代码运行的效果如图 3-8 所示。

图 3-8

注意

在对存在自增长列的数据表进行数据删除时，已经被删除的自增长值将不会存在，即使再新增数据，也是在原来最后一次自增长值的基础上增加。如下示例，在前面的数据表上再次增加"小毛"这条记录，CNO 将为新值 6，而原来的值 5 将不会存在，如图 3-9 所示。

```
mysql> insert into card(Name,CName) values('小毛','自动化1班');
Query OK, 1 row affected (0.02 sec)

mysql> select * from card;

+-----+------+-----------+
| CNO | Name | CName     |
+-----+------+-----------+
|   1 | 三毛 | 自动化1班 |
|   2 | 四毛 | 自动化2班 |
|   3 | 五毛 | 电子1班   |
|   4 | 毛毛 | 自动化1班 |
|   6 | 小毛 | 自动化1班 |
+-----+------+-----------+
5 rows in set (0.00 sec)

mysql>
```

图 3-9

DELETE 语句从表中删除记录；如果不带 WHERE 子句，DELETE 将从表中删除所有的记录，但是 DELETE 不删除表本身；如果想更快地删除表中所有的数据，可以不使用 DELETE 语句而使用 TRUNCATE TABLE 语句，它能完成相同的工作，但是速度却快得多。实际上，TRUNCATE 语句是将原来的数据表删除然后重新创建表结构相同的新表，而不是逐行删除表中的数据记录。

3.1.5 更新和删除的注意事项

在前两部分内容所介绍到的 UPDATE 和 DELETE 语句全部都具有 WHERE 子句，如果没有 WHERE 子句，则 UPDATA 和 DELETE 将会把数据表中的每一行记录都发生改变或者删除。这当然是我们所不期望的。

以下列出了在更新或删除时应该注意的事项。

- 除非真的打算更新表中的每一行，否则，请不要使用不带 WHERE 子句的 UPDATE 和 DELETE 语句。
- 尽量保证每个表都有主键。这样可以找到能够唯一删除或更新的条件。
- 在使用 UPDATE 或 DELETE 语句之前，可以先将 WHERE 子句放在 SELECT 语句后面测试，以防编写的 WHERE 子句出错。
- 尽可能实施引用完整性约束。这样可以避免被其他表引用的数据记录莫名其妙地删除。

3.2 高级查询

前一部分的介绍中，我们已经了解了基本的 SELECT 语句的使用方法。然而，在实际的应用中，对数据记录的查询往往伴随着复杂的业务需求而存在。本节将全面介绍 SELECT 语句的高级语法，同时本节还将介绍复杂的 WHERE 子句，这些 WHERE 子句的使用方法，同样适用于 UPDATE 和 DELETE。在 SQL 查询语句的实现应用中，对于同一个业务需求，能够实现的 SQL 查询方法往往都有很多种，读者可以思考更多的方法实现，而不要拘泥于本书所讲的示例。希望本书所介绍的 SQL 查询方法可以起到抛砖引玉的作用。

3.2.1 复杂查询

任何复杂的 SELECT 语句，其基本语法都不会发生变化，SELECT 的语法参见上节所述。本节将介绍几种基本 SELECT 语句上的变化。

1. 给字段取别名

创建数据表时，数据表的字段往往使用英文、简写或缩写，往往不易直观获取其含义。为了让查询结果直观易读，可以给查询结果的字段取一个直观的别名。给字段取别名可使用 AS 关键字。多个字段之间仍然使用“，”逗号分隔。

示例：查询 db_test 数据库中的 card 数据表，代码如下。

```
mysql> select CNO as 卡号,Name as 借阅人姓名,CName as 班级名称 from card;
```

SQL 语句运行结果如图 3-10 所示。

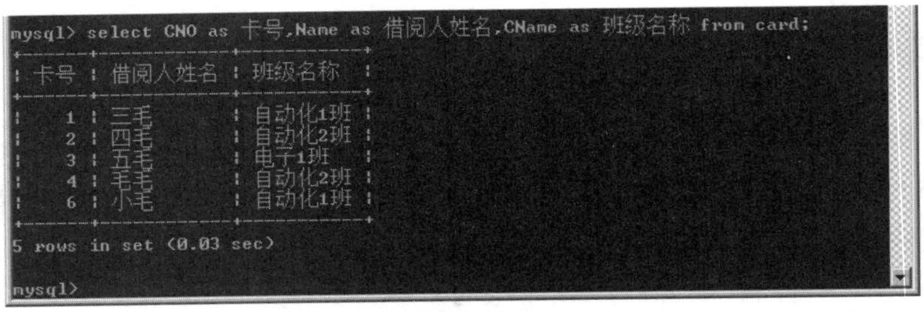

```
mysql> select CNO as 卡号,Name as 借阅人姓名,CName as 班级名称 from card;
+------+------------+-----------+
| 卡号 | 借阅人姓名 | 班级名称  |
+------+------------+-----------+
|    1 | 三毛       | 自动化1班 |
|    2 | 四毛       | 自动化2班 |
|    3 | 五毛       | 电子1班   |
|    4 | 毛毛       | 自动化2班 |
|    6 | 小毛       | 自动化1班 |
+------+------------+-----------+
5 rows in set (0.03 sec)

mysql>
```

图 3-10

从运行结果中可以看出，查询显示的结果集中的字段名已经变成了中文字段，实际数据表中的字段并没有发生改变。此举可以让查询结果通俗易懂。

2. 使用表达式

在查询数据时，可以对字段值进行运算处理，将处理后的结果返回。

示例：查询所有书籍信息，并显示每本书的总成本(总成本=书价×数量)；查询所使用的 SQL 语句如下。

```
mysql> select BNO,BName,Author,Price*Quantity as 成本 from books;
```

以上查询语句运行的结果如图 3-11 所示。

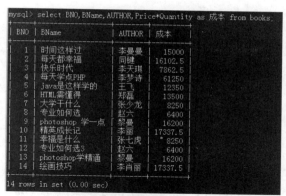

图 3-11

在查询时对字段进行的运算只对显示的结果有影响,对原数据本身没有任何影响,原数据也不会因此发生改变。对数据进行运算可以使用算术运算、逻辑运算和比较运算;其运算规则遵循数学运算规则,其可以使用的运算符如表 3-1 所示。

表 3-1

算术运算符	+(加)、-(减)、*(乘)、/(除)、DIV(除)、%(余)、MOD(余)
比较运算符	<(小于)、>(大于)、<=(小于等于)、>=(大于等于)、<>(不等于)、!=(不等于)、=(等于)
逻辑运算符	NOT(非)、! (非)、AND(并且)、&&(并且)、OR(或)、||(或)、XOR(异或)
其他	IS NULL(为空)、IS NOT NULL(不为空)、BETWEEN m And n(在 m 到 n 之间,大于等于 m 且小于等于 n)

3. 对查询结果进行排序

在 SELECT 的语法中有一个 ORDER BY 子句,该子句可以按所指定的条件对查询结果集进行排序,该子句的语法规则如下:

```
ORDER BY col_name [ desc|asc ] [,col_name2 [ desc|asc ] ...]
```

其中,col_name 是排序参考的字段名列表,字段名列表中有多个字段时,依据字段名列表顺序,首先按第一个字段排序,在相同的排序结果上按第二个字段排序,并依次类推;desc 指从高到低排,asc 指从低到高排;desc|asc 可以省略不写,在省略的情况下默认按照 asc(也就是从低到高)的方式排序。

示例:查询书籍信息表,按书价从低到高排序,查询的 SQL 语句如下。

```
mysql> select * from books order by price;
```

运行结果如图 3-12 所示。

示例:查询书籍信息表,按书籍现存数量从高到低排序,查询的 SQL 语句如下。

```
mysql> select * from books order by quantity desc;
```

以上 SQL 语句运行的结果如图 3-13 所示。

```
mysql> select * from books order by Price;
| BNO | BName           | AUTHOR | Price | Quantity |
|  11 | 幸福是什么       | 张七虎 |  27.5 |      300 |
|   7 | 大学干什么       | 张少龙 |  27.5 |      300 |
|   8 | 专业如何选       | 赵六   |    32 |      200 |
|  12 | 专业如何选3      | 赵六   |    32 |      200 |
|   5 | java是这样学的   | 王飞   |  32.5 |      380 |
|  13 | photoshop学精通  | 黎曼   |    36 |      450 |
|   9 | photoshop 学一点 | 黎曼   |    36 |      450 |
|   1 | 时间这样过       | 李曼曼 |  37.5 |      400 |
|   3 | 快乐时代         | 李天琪 |  42.5 |      185 |
|  10 | 精英成长记       | 李丽   |  47.5 |      365 |
|  14 | 绘画技巧         | 李肖丽 |  47.5 |      365 |
|   2 | 每天都幸福       | 同键   |  56.5 |      285 |
|   6 | HTML需懂得       | 郑磊   |  67.5 |      200 |
|   4 | 每天学点PHP      | 李梦诗 |  87.5 |      700 |
14 rows in set (0.00 sec)
```

图 3-12

```
mysql> select * from books order by Quantity desc;
| BNO | BName           | AUTHOR | Price | Quantity |
|   4 | 每天学点PHP      | 李梦诗 |  87.5 |      700 |
|  13 | photoshop学精通  | 黎曼   |    36 |      450 |
|   9 | photoshop 学一点 | 黎曼   |    36 |      450 |
|   1 | 时间这样过       | 李曼曼 |  37.5 |      400 |
|   5 | java是这样学的   | 王飞   |  32.5 |      380 |
|  10 | 精英成长记       | 李丽   |  47.5 |      365 |
|  14 | 绘画技巧         | 李肖丽 |  47.5 |      365 |
|   7 | 大学干什么       | 张少龙 |  27.5 |      300 |
|  11 | 幸福是什么       | 张七虎 |  27.5 |      300 |
|   2 | 每天都幸福       | 同键   |  56.5 |      285 |
|   6 | HTML需懂得       | 郑磊   |  67.5 |      200 |
|  12 | 专业如何选3      | 赵六   |    32 |      200 |
|   8 | 专业如何选       | 赵六   |    32 |      200 |
|   3 | 快乐时代         | 李天琪 |  42.5 |      185 |
14 rows in set (0.00 sec)
```

图 3-13

4．限制返回结果的行数

通过 SELECT 语句的 LIMIT 子句可以限制返回结果的行数。例如，将书籍信息按序号从高到低排序后，查询书籍信息表中第 6 本书开始的四本书。其 SQL 语句如下所示。

```
mysql> select * from books order by bno desc LIMIT 5,4;
```

运行的结果如图 3-14 所示。

```
mysql> select * from books order by BNO desc limit 5,4;
| BNO | BName           | AUTHOR | Price | Quantity |
|   9 | photoshop 学一点 | 黎曼   |    36 |      450 |
|   8 | 专业如何选       | 赵六   |    32 |      200 |
|   7 | 大学干什么       | 张少龙 |  27.5 |      300 |
|   6 | HTML需懂得       | 郑磊   |  67.5 |      200 |
4 rows in set (0.00 sec)
```

图 3-14

其中，LIMIT 子句后指定了两个整数参数，第一个参数表示开始行的偏移量(0 表示第一行)，第二个参数表示要返回的记录的条数。当 LIMIT 子句的后面只写一个参数 N

时，表示从表第一条记录开始取 N 条记录。

5. 消除重复的行

使用 DISTINCT 关键字可以消除结果中完全相同的行，使相同的记录只返回一条。例如，查询所有的学生班级名称，相同的班级名称只显示一个。查询的 SQL 语句如下所示：

```
mysql> select DISTINCT CName from card;
```

该 SQL 语句执行的结果如图 3-15 所示。

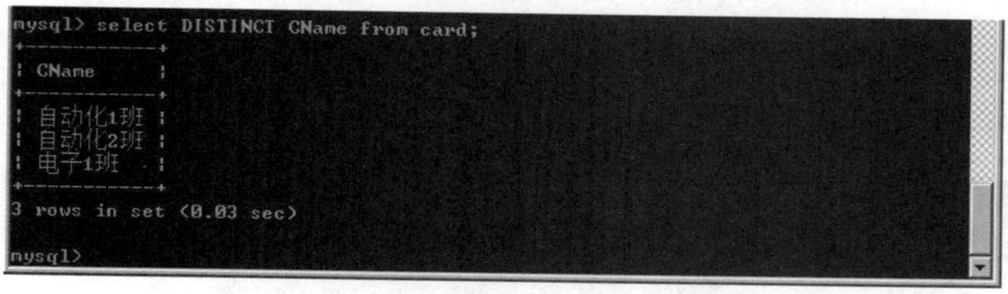

图 3-15

DISTINCT 关键字后字段列表可以是一个字段或是多个字段，当多个字段时，只有当多个字段内容均相同时，两行才被认为是重复的。

3.2.2 模糊查询

前面使用的所有查询，其共同点是针对已知值进行匹配。不管是匹配一个还是多个值，测试大于还是小于已知值，或者检查某个范围的值，共同点是条件中使用的值都是已知的。在现实应用中，很多查询都是只知道部分条件，例如，要查询所有姓"王"的借阅人的借阅卡信息。这就需要使用到模糊查询。

模糊查询使用 LIKE 关键字进行，配合 LIKE 完成工作的，还有两个通配符"%"和"_"。其中，"%"表示在出现它的位置匹配任意多个字符，"_"表示在出现它的位置匹配一个字符。

示例：在书籍信息表中查找所有包含"java"字符的书籍信息，查询的 SQL 语句如下所示。

```
mysql> select * from books where bname like '%java%';
```

该 SQL 语句执行的结果如图 3-16 所示。

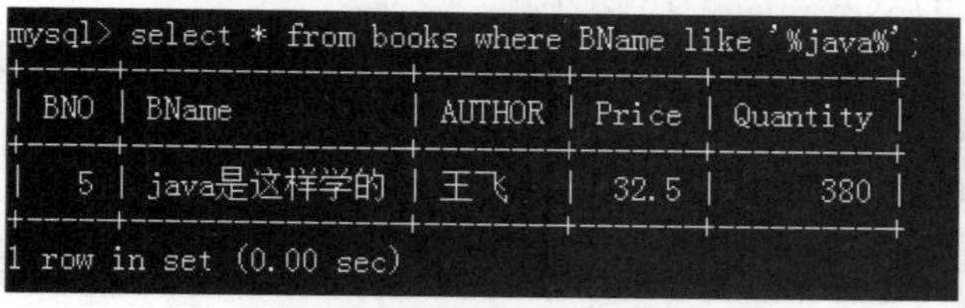

图 3-16

使用模糊匹配需要注意如下两个问题。

(1) 串尾的空格。串尾的空格因为看不见有可能会被忽视；如"Hello World"(尾部有一空格)如果用"%World"来匹配是不成功的，而该字串尾部的空格却被不经意间忽视了。

(2) NULL。似乎"%"通配符可以用来匹配任何东西，但有一个例外，那就是 NULL。换句话说"LIKE %"不可能匹配 NULL 值。

3.2.3 子查询

子查询是指在一条 SQL 语句中嵌入另一个 SELECT 语句的查询。

1. 使用 IN 和 NOT IN 的子查询

IN 操作符是用来指定条件范围的，范围中的每个条件都可以进行匹配。NOT IN 表示不在条件范围中。例如：查询有借阅记录的借阅卡信息，可以使用的 SQL 语句如下所示。

```
mysql> select * from card where CNO in(select CNO from borrow);
```

在以上的查询语句中，查询的条件需要匹配另一个查询的结果，这是一种典型的子查询。运行效果如图 3-17 所示。

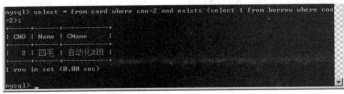

```
mysql> select * from card where CNO in(select CNO from borrow);
+-----+------+----------+
| CNO | Name | CName    |
+-----+------+----------+
|   1 | 三毛 | 自动化1班 |
|   2 | 四毛 | 自动化2班 |
+-----+------+----------+
2 rows in set (0.08 sec)

mysql>
```

图 3-17

如果 WHERE 子句使用了大于、小于、大于等于、等于之类的比较运算符，且子查询能得到合适的匹配值时，也可以在运算符后面加上子查询。读者可以自行实验。

2. 使用 EXISTS 和 NOT EXISTS 的子查询

EXISTS 关键字是用于判断查询是否存在的关键字，如果查询存在则返回值为真，否则返回值为假。例如，如果存在借阅卡卡号为 2 的借阅记录，就将该借阅卡号所对应的借阅卡信息查询出来，对应 SQL 语句代码如下。

```
mysql> select * from card where cno=2 and exists (select 1 from borrow where cno=2);
```

以上代码运行的效果如图 3-18 所示。

```
mysql> select * from card where cno=2 and exists (select 1 from borrow where cno=2);
+-----+------+----------+
| CNO | Name | CName    |
+-----+------+----------+
|   2 | 四毛 | 自动化2班 |
+-----+------+----------+
1 row in set (0.00 sec)

mysql>
```

图 3-18

其中，select 1 起到的作用只是在有满足条件的情况下查询出一个常量 1，如果存在常量 1 就查询出结果，如果不存在常量 1 就不进行查询。

3.2.4　聚合函数

实际应用中往往需要对表中的数据(而不是实际数据本身)进行汇总，为此 MySQL 提供了专门的函数，这就是聚合函数。

表 3-2 列出了常用的几个聚合函数。

表 3-2

函　　数	说　　明
AVG()	返回某列的平均值
COUNT()	返回某列的行数
MAX()	返回某列的最大值
MIN()	返回某列的最小值
SUM()	返回某列值的和

示例：查询阅览室藏书的总数量，查询的 SQL 语句如下。

```
mysql> select sum(quantity) as '藏书总量' from books;
```

以上代码运行的结果如图 3-19 所示。

图 3-19

示例：查询阅览室藏书的平均价格，查询的 SQL 语句如下。

```
mysql> select avg(price) as '平均书价' from books;
```

以上代码运行的结果如图 3-20 所示。

图 3-20

有时我们需要对表中的数据进行分组，对每一个分组数据进行再统计，这就需要使用到 GROUP BY 语句。例如，查询有借阅记录的每一个借阅卡号分别借了多少本书。其实现该功能的 SQL 语句如下。

```
mysql> select ID,count(ID) as 借阅书籍总数 from borrow group by CNO;
```

以上代码运行的效果如图 3-21 所示。

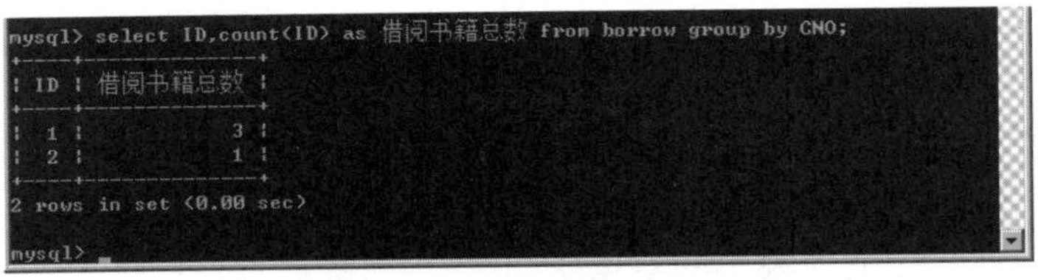

图 3-21

如果需要对分组聚合的结果进行按条件再查询，就需要使用到配合 GROUP BY 使用的 HAVING 子句。HAVING 子句和 WHERE 子句的作用相同，但是它一定要配合 GROUP BY，并对分组聚合的结果进行再过滤时使用。

示例：查询有借阅记录的每一个借阅卡号分别借了多少本书，把借阅书籍总数在 2 本以上的信息显示出来。其代码如下。

```
mysql> select ID,count(ID) as 借阅书籍总数 from borrow group by CNO HAVING count(ID)>2;
```

代码运行的效果如图 3-22 所示。

图 3-22

3.2.5 多表联合

前面介绍的查询方法都是针对单表进行，实际的应用中经常会出现需要从几个表中同时取数据的情况，这就需要使用到多表联合查询。以下介绍几种多表联合查询。

1. 使用 FROM 子句的多表联合

最简单的多表联合查询是在 FROM 子句部分指定多个表名，每个表名之间以"，"逗号分隔。代码如下所示。

```
Select * from tbl_name1,tbl_name2
```

此时，如果 tbl_name1 中有记录 5 条，tbl_name2 中有记录 6 条，此举将产生 5×6=30 条记录；换句话说，FROM 中的多表联合查询实际上是把第一个表中的每一条记录和第二个表中的每一条记录相匹配，也就是数学中讲的"笛卡尔积"。这种数据查询方法并不实用，试想，如果把全国户籍信息系统的人口信息表和人口所属的省份信息表进行联合查询，若使用这种方法，产生的记录数量恐怕不是随便哪个服务器能够承担的，如果再联合街道信息表，估计服务器就会因为这条查询语句而死机。

　　鉴于这种查询方法并不是一种好的多表联合查询方法，在此不作示例，也不推荐使用这种多表联合查询，有兴趣的可以自行实验。

2. 使用内连接(INNER JOIN)

　　内连接是最常用的一种多表联合方式，通过两个表中具有的共同值将两个表中的记录连接在一起。

　　示例：查询有借阅记录的用户信息及借阅记录信息，代码如下。

```
mysql> select * from card inner join borrow on card.CNO=borrow.CNO;
```

运行的结果如图3-23所示。

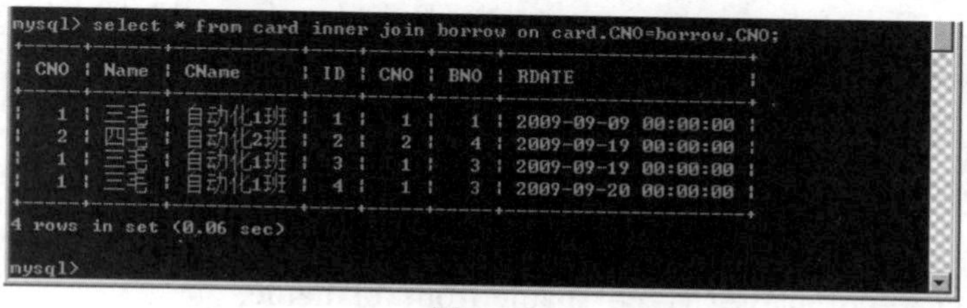

图 3-23

3. 使用外连接

外连接的多表联合查询又分为左外连接、右外连接、交叉连接三种不同的方式。

- 左外连接(LEFT JOIN)：以左表为主，保持左表的数据不变，右表的数据与之匹配。
- 右处连接(RIGHT JOIN)：以右表为主，保持右表的数据不变，左表的数据与之匹配。
- 交叉连接(CROSS JOIN)：与内连接的效果完全相同，在此不再赘述。

　　示例：查询所有的借阅卡信息，如果有借阅记录的，同时显示其借阅记录，实现该查询的 SQL 语句如下。

```
mysql> select * from card left join borrow on card.CNO=borrow.CNO;
```

以上代码运行效果如图3-24所示。

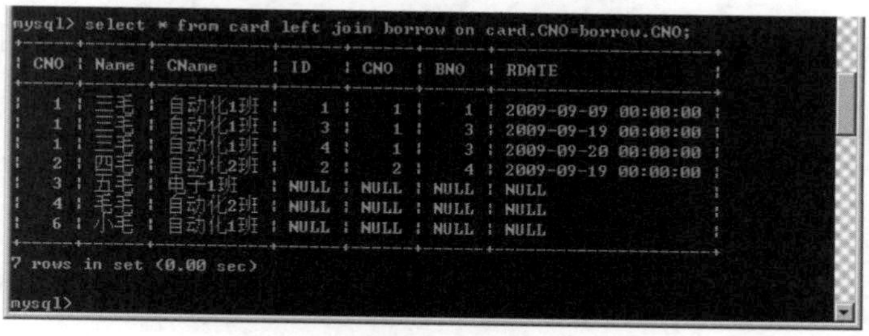

图 3-24

【单元小结】

- 对数据表中的数据进行基本的增加、删除、修改、查询操作
- 复杂查询及子查询的使用
- 聚合函数、分组聚合及带条件的分组聚合的使用
- 常用的多表联合查询

【单元自测】

1. 以下代码中不能删除表 tbl_temp 中所有数据的是(　　)。

    A. Delete from tbl_temp;　　　　　　B. Delete from tbl_temp where 1=1;

    C. Delete from tbl_temp having 1=1;　　D. TRUNCATE tbl_temp;

2. 以下代码中不能正常运行的是(　　)。

    A. Select col_name1 as A,col_name2 as B from tbl_name;

    B. Select col_name1 A,col_name2 B from tbl_name;

    C. Select A=col_name1,B=col_name from tbl_name;

    D. Select col_name1,col_name2 from tbl_name;

3. 关于分组聚合查询，以下说法不正确的是(　　)。

    A. 查询语句的字段列表中必须包含至少一个聚合函数

    B. 查询语句的字段列表中可以没有聚合函数

    C. 查询语句的字段列表没有包含在聚合函数中的列必须包含在 GROUP BY 子句中

    D. GROUP BY 子句中可以按照一列或者多列进行分组

4. 以下代码中，能按 ID 字段升序显示的选项有(　　)。

    A. Select * from tbl_name order ID

    B. Select * from tbl_name order ID desc

    C. Select * from tbl_name order by ID asc

    D. Select * from tbl_name order by ID desc

5. 查询包含"入门"字串作为书名的查询语句的 LIKE 子句有(　　)。

    A. LIKE "%入门"　　　　　　　　　　B. LIKE "%入门%"

    C. LIKE "_入门_"　　　　　　　　　　D. LIKE "_入门"

【上机实战】

上机目标

- 熟练掌握在数据表中增、删、改、查数据的 SQL 语句

- 熟练掌握如何对数据表进行复杂查询
- 熟练掌握模糊查询、子查询、多表联合查询的查询方法
- 了解并练习分组聚合技术

上机练习

◆ 第一阶段 ◆

练习 1：为 StuDB 数据库中的数据表添加测试数据。

【问题描述】

为 StuDB 数据库中的班级信息表 ClsInfo 添加至少三条测试数据，为学生信息表 StuInfo 添加至少五条测试数据，为科目信息表 SubjectInfo 添加至少三条测试数据，为学生成绩表 GradeInfo 添加至少五条测试数据。在完成此操作后可以尝试对数据表中的数据进行修改和删除操作。

【问题分析】

本练习主要是学习如何操作数据表中的数据。

【参考步骤】

(1) 班级信息表 ClsInfo 添加的测试数据如下所示。

```
insert into clsinfo(cname,createdate) values('高三 1 班','2009-8-25');
insert into clsinfo(cname,createdate) values('高三 2 班','2009-8-25');
insert into clsinfo(cname,createdate) values('高三 3 班','2009-8-26');
```

添加后的表数据如图 3-25 所示。

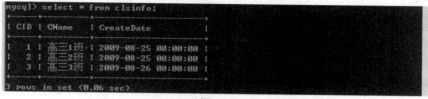

```
mysql> select * from clsinfo;

| CID | CName  | CreateDate          |
|   1 | 高三1班 | 2009-08-25 00:00:00 |
|   2 | 高三2班 | 2009-08-25 00:00:00 |
|   3 | 高三3班 | 2009-08-26 00:00:00 |

3 rows in set (0.06 sec)
```

图 3-25

(2) 为学生信息表 StuInfo 添加至少五条测试数据。

```
insert into stuinfo(name,age,sex,cid) values('sanmao',18,'F',1);
insert into stuinfo(name,age,sex,cid) values('simao',17,'M',2);
insert into stuinfo(name,age,sex,cid) values('wumao',19,'F',2);
```

```
insert into stuinfo(name,age,sex,cid) values('wumao',20,'M',1);
insert into stuinfo(name,age,sex,cid) values('maomao',18,'M',1);
insert into stuinfo(name,age,sex,cid) values('xiaomao',19,'M',2);
```

(3) 为科目信息表 SubjectInfo 添加至少三条测试数据。

```
insert into SubjectInfo(SubName,SubHour) values('Math',120);
insert into SubjectInfo(SubName,SubHour) values('Chinese',108);
insert into SubjectInfo(SubName,SubHour) values('English',98);
```

(4) 为学生成绩表 GradeInfo 添加至少五条测试数据。

```
insert into GradeInfo(SID,SubID,Grade) values(1,1,99);
insert into GradeInfo(SID,SubID,Grade) values(1,2,79);
insert into GradeInfo(SID,SubID,Grade) values(1,3,89);
insert into GradeInfo(SID,SubID,Grade) values(2,1,96);
insert into GradeInfo(SID,SubID,Grade) values(2,2,69);
insert into GradeInfo(SID,SubID,Grade) values(2,3,75);
insert into GradeInfo(SID,SubID,Grade) values(3,1,55);
insert into GradeInfo(SID,SubID,Grade,Remark) values(3,2,NULL,'ABSENCE');
```

练习 2：查询所有没有考试成绩记录的学生信息。

【问题描述】

　　成绩记录表中的 Grade 字段记录了学生成绩，所有成绩不为 Null 的记录即可理解为有成绩记录，可以找出这部分有成绩记录的学生编号；如果学生的成绩编号不在这部分编号里，我们可以理解为该学生是没有成绩记录信息的。

【问题分析】

　　本练习主要是学习如何使用子查询。

【参考步骤】

(1) 查询所有有成绩记录的学生编号，SQL 语句如下。

```
select SID from GradeInfo where Grade is not NULL;
```

(2) 查询不在上述学生编号中的学生信息。

```
mysql> select * from StuInfo where SID not in(select SID from GradeInfo where Grade is not NULL);
```

查询结果如图 3-26 所示。

图 3-26

其实这个查询也可以使用多表联合查询或其他的方法实现，请自行尝试。

练习3：查询所有成绩在85分以上的成绩信息及对应的学生姓名。

【问题描述】

成绩记录表中的 Grade 字段记录了学生成绩，可以在其中找到成绩在 85 分以上的成绩信息。但是该表中没有学生姓名的字段记录，只能根据学生编号找到学生的姓名，这需要使用到左连接。

【问题分析】

本练习主要是学习如何使用左外连接。

【参考步骤】

(1) 实现该查询的 SQL 语句如下。

```
mysql> select GID,GradeInfo.SID,SubID,Grade,Remark,StuInfo.Name
    -> from Gradeinfo inner join StuInfo
    -> on Gradeinfo.SID=StuInfo.SID
    -> where Gradeinfo.Grade>=85;
```

(2) 以上查询运行的效果如图 3-27 所示。

图 3-27

◆ 第二阶段 ◆

练习 1：查询所有成绩在 70 分到 90 分之间的成绩信息。

可以参考的 SQL 语句如下。

```
mysql> select * from gradeinfo where grade between 70 and 90;
```

请思考如何用其他的方法实现。

练习 2：计算每个学生的考试科目的平均成绩。

可以参考的 SQL 语句如下。

```
select SID,avg(Grade) as '平均成绩' from GradeInfo group by SID;
```

【拓展作业】

1. 查询所有学生信息及对应的班级名称。
2. 查询姓名中包含有"mao"的学生信息及对应的成绩信息。
3. 计算每个学生的考试科目的平均成绩，并将平均成绩前两名的学生信息显示出来。

单元 四

高级对象

课程目标

▶ 理解视图

▶ 创建、编辑、删除视图

▶ 使用视图

 **简介**

　　计算机数据库中的视图是一个虚拟表，其内容由查询定义。同真实的表一样，视图包含一系列带有名称的列和行数据。但是，视图并不在数据库中以存储的数据值集形式存在。行和列数据来自由定义视图的查询所引用的表，并且在引用视图时动态生成。视图是一个虚拟表，其内容由查询定义。同真实的表一样，视图的作用类似于筛选。定义视图的筛选可以来自当前或其他数据库的一个或多个表，或者其他视图。视图是存储在数据库中的查询的 SQL 语句，它主要出于两种原因：一是安全原因，视图可以隐藏一些数据，如社会保险基金表，可以用视图只显示姓名、地址，而不显示社会保险号和工资数等；另一原因是可使复杂的查询易于理解和使用。本单元重点介绍视图的使用。

4.1　视图

　　视图是一个虚表。视图并不包含或存储真实存在的数据，它只是对一个或者多个真实存在的表数据的查询。

4.1.1　视图优势

　　对于一个已经创建好的视图，可以像查询一个普通的数据表一样对它进行查询。使用视图有以下几个优势。

- 将对数据库的查询集中到特定的数据集中。事先把需要查询的结果集定义到视图中，在需要该数据的时候直接从视图中查询。
- 简化查询操作。视图通常是基于一个非常复杂的查询而建立，将这些复杂的查询定义到视图中，避免了在程序中创建和执行这些复杂的查询语句。
- 使用不同的用户根据自己的需要对相同的数据进行不同的组织。

4.1.2　视图的常见应用

　　编写视图解决查询的问题不是必需的，但是可以为查询提供极大的方便，下面列出几种可以考虑使用视图的情况。

- 当某条 SQL 语句已经被重用了很多次时。
- 当某个查询非常复杂，在编写后不必再考虑它的实现细节时。
- 当我们需要使用表的部分字段而不是全部时。
- 当我们打算展现给用户的只是表的特定部分而不是全部时。
- 当我们打算修改数据显示时的格式及表示方式时。

在视图创建以后，我们可以像使用普通表那样使用它。可以对其进行查询、过滤和排序，或者将视图连接到其他的表或视图。重要的是要知道视图仅仅是用来查看存储在别处的数据表的一种设施，它本身并不包含数据，因此它们返回的数据是从其他表中检索出来的。在这些真实表中的数据发生改变时，由视图查询得到的数据也将发生改变。

4.1.3　视图遵循的规则

下面介绍视图在创建和使用时一些常见的应该遵循的规则。

- 视图名必须唯一(不能与现有数据表或现有的数据视图同名)。
- 对于可以创建的视图数目没有限制。
- 创建视图的用户必须有足够的权限。
- 视图可以嵌套，也就是可以从现有的视图创建视图。
- 创建视图的 FROM 子句不能包含子查询。
- 视图不能索引，也不能与触发器关联。

4.1.4　创建视图

在理解了什么是视图以及视图可以使用的情况后，我们来看一看如何在 MySQL 中创建和使用视图。

视图的创建使用 CREATE VIEW 语句。基本语法如下。

```
CREATE VIEW view_name
[column1,....,columnN]
AS
select_statement
```

其中，CREATE VIEW 是关键字；view_name 就是要创建的视图名；column1 到 columnN 是为视图中的 Select 语句所选择的列对应的别名，也可以在 Select 语句中指定别名；select_statement 用来定义视图的查询语句。

示例：建立一个视图，用于查询借阅记录中借阅人的姓名、所借书籍名称、借阅时间。其 SQL 语句如下。

```
mysql> create view view_borrow
    -> as
    -> select card.Name,books.BName,RDATE
    -> from borrow left join card on borrow.CNO=card.CNO
    -> left join books on borrow.BNO=books.BNO;
```

视图创建成功以后，可以像普通数据表一样对其进行查询，如图 4-1 所示。

```
mysql> select * from view_borrow;
+------+-------------+------------+
| Name | BName       | RDATE      |
+------+-------------+------------+
| 四毛 | 时间这样过  | 2009-09-09 |
| 五毛 | 每天学点PHP | 2009-09-19 |
| 四毛 | 快乐时代    | 2009-09-19 |
| 四毛 | 快乐时代    | 2009-09-20 |
+------+-------------+------------+
4 rows in set (0.00 sec)
```

图 4-1

4.1.5 修改视图

修改视图使用 ALTER VIEW 语句，语法如下。

```
ALTER VIEW view_name
[column1,....,columnN]
AS
select_statement
```

其中，各项参数的含义与创建视图语法的各项参数完全相同。

4.1.6 删除视图

删除视图使用 DROP VIEW 语句，语法如下。

```
DROP VIEW [ IF EXISTS ]
    view_name [,view_name] ...
```

该语句可以一次删除一个或者多个视图，可选项 IF EXISTS 表示当存在时进行删除，避免因为视图不存在而报错。

4.2 存储过程

迄今为止，本书所使用的大多数 SQL 语句都是针对一个或多个表的单条语句。实际中，并非所有的应用都这么简单，例如：当阅览室中的某一本书被借出时，我们希望除了在借阅表中存储相同的记录的同时，能把书籍信息表中的该书籍数量进行减 1 处理。这显然不是一条语句可以执行完成的。

存储过程是使用 SQL 语句和过程控制语句编写的程序，存储在数据库服务器上，可以由用户直接或者间接地进行调用。其中，过程控制语句指变量声明、赋值、分支、循环等结构控制语句。

4.2.1 创建存储过程

存储过程可以非常简单，也可以非常复杂，例如，按照某一个复杂的业务需求完成一系列复杂的 SQL 语句。创建存储过程通过 CREATE PROCEDURE 语句实现，其语法如下。

```
CREATE PROCEDURE proc_name
( [ pro_parameter[,...] ] )
BEGIN
routine_body
END
```

其中，proc_name 为要创建的存储过程名；([pro_parameter[,...]])为存储过程的参数列表，多个参数之间以逗号隔开，即使没有参数也应该写"()"；BEGIN、END 分别为开始和结束标志；routine_body 为定义存储过程操作的语句块，语句块由 SQL 语句和其他过程控制语句组成。

创建存储过程的语句中，每一个参数 pro_parameter 由如下的格式定义。

```
parameter_name [ IN|OUT|INOUT ] datatype
```

其中，parameter_name 是参数名；IN 指该参数为输入参数，用于向存储过程输入值，如果定义，在调用存储过程的时候要给该参数传参；OUT 表示输出参数，调用存储过程后可以通过该参数得到值；INOUT 指输入输出型参数，在调用存储过程时可以传值给存储过程，在存储过程执行过程中，可以改变其值，并在最终执行完毕后可以返回值给调用者；datatype 是指参数的数据类型。

CREATE PROCEDURE 语句块中的每一条 SQL 语句都是以";"分号作为分隔符的，而 MySQL 命令行程序也是使用";"分号作为分隔符的。这样如果存储过程的语句块中再出现以";"分号结束的分隔符时，必然会使用存储过程的创建而出现句法错误。解决的办法就是临时更改命令行程序的语句分隔符。可以使用"DELIMITER //"将命令行程序的分隔符从";"分号改为"//"两斜杠。

示例：下面创建一个最简单的无参无返回值的存储过程，用于查询所有的借阅记录，其 SQL 语句如下所示。

```
mysql> delimiter //
mysql> create procedure proc_borrow
    -> ()
    -> begin
    -> select * from borrow;
    -> end
    -> //
Query OK, 0 rows affected (0.00 sec)
```

```
mysql> delimiter ;
```

此时，创建以 proc_borrow 命令的存储过程完成了。但是要记得在创建完成后把命令行程序的分隔符由 "//" 重新改回为 "；" 分号。

存储过程创建完成后就可以执行该存储过程了，调用存储过程使用 CALL 指令，CALL 关键字后面紧跟存储过程名；如果存储过程有参数的要求，再跟上参数值或者已经申明的变量。如下所示，执行存储过程 proc_borrow。

```
mysql> call proc_borrow;
```

执行后的效果如图 4-2 所示。

```
mysql> call proc_borrow;
+----+-----+-----+---------------------+
| ID | CNO | BNO | RDATE               |
+----+-----+-----+---------------------+
| 1  | 1   | 1   | 2009-09-09 00:00:00 |
| 2  | 2   | 4   | 2009-09-19 00:00:00 |
| 3  | 1   | 3   | 2009-09-19 00:00:00 |
| 4  | 1   | 3   | 2009-09-20 00:00:00 |
+----+-----+-----+---------------------+
4 rows in set (0.00 sec)

Query OK, 0 rows affected (0.05 sec)

mysql>
```

图 4-2

此存储过程本身没有意义，只是为了说明无参无返回值的存储过程创建的方法，其运行效果与直接执行查询运行的效果完全相同。

4.2.2　删除存储过程

存储过程在创建之后，被保存到服务器上以供使用，直至被删除。删除命令用于从服务器中删除存储过程。语法如下：

```
DROP PROCEDURE [IF EXISTS] sp_name
```

其中，sp_name 指要删除的存储过程的名字。

4.2.3　有参无返回值的存储过程

上例中的 proc_borrow 只是一个简单的存储过程，其意义不大，而存储过程一旦定义，其语句块就被保存到了服务器，不易在使用时修改，因此，需要给存储过程一些参数值，以便扩展。下面给出一种有参无返回值的存储过程以供读者参考。

示例：创建一个存储过程，用于查询某段日期时间范围内的书籍借阅记录。其 SQL 语句如下。

```
mysql> delimiter //
mysql> create procedure proc_borrow
    -> (
    -> in d1 datetime,
    -> in d2 datetime
    -> )
    -> begin
    -> select card.Name,books.BName,RDATE
    -> from borrow left join card on borrow.CNO=card.CNO
    -> left join books on borrow.BNO=books.BNO
    -> where RDATE between d1 and d2;
    -> end
    -> //
mysql> delimiter ;
```

假设要查询 2009 年 9 月 1 日到 2009 年 9 月 19 日之间的借阅记录，可以使用的存储过程调用语句如下所示。

```
mysql> call proc_borrow ('2009-9-1','2009-9-19');
```

运行的结果如图 4-3 所示。

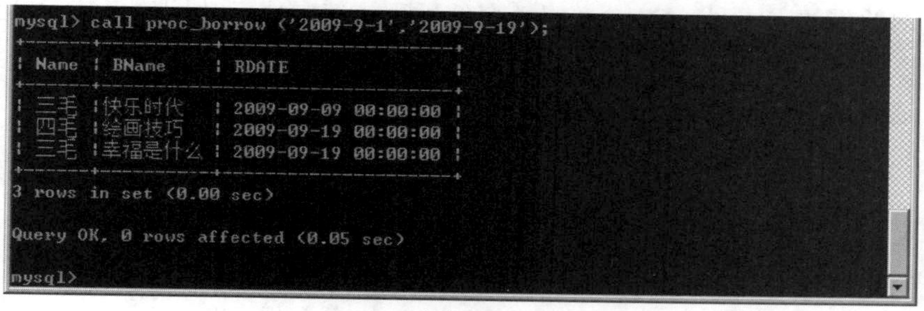

图 4-3

4.2.4　有参有返回值的存储过程

如果希望存储过程的执行能有一个返回值，以提供给将来的程序端使用，我们可以给存储过程加一个返回值参数。这个参数以 OUT 关键字表示，并且无论存储过程的外部以什么值赋给 OUT 参数，在存储过程的内部使用都是 NULL；除非，存储过程给它重新赋值。换句话讲，给 OUT 关键字描述的参数传值是没有意义的。但是该参数可以用于在存储过程内部给其赋值，并且这个值是可以带出存储过程给调用端的。

示例：创建一个存储过程，用于接收一个借阅卡卡号，返回该借阅卡共借书籍多少本。其实现的 SQL 语句如下所示。

```
mysql> delimiter //
mysql> create procedure proc_borrow
```

```
        -> (IN var_cno int,OUT var_count int)
        -> begin
        -> select count(1) into var_count from borrow where cno=var_cno;
        -> end
        -> //
Query OK, 0 rows affected (0.00 sec)

mysql> delimiter ;
```

存储过程创建完成后，可以对其进行调用，调用的语句如下。

```
mysql> set @id=1;
Query OK, 0 rows affected (0.00 sec)

mysql> set @count=0;
Query OK, 0 rows affected (0.00 sec)

mysql> call proc_borrow (@id,@count);
Query OK, 0 rows affected (0.00 sec)
```

其中，set 语句用于创建一个用户变量；@id 是用户变量的名字，用于向存储过程传递一个要查询的借阅卡卡号；@count 用于存储过程计算完成后传回一个值，起到接收的作用，所以其初值为 0。

存储过程调用完成后，得到的返回值被变量@count 接收，此时可以从该返回值中得到最终的结果，查询的代码如下。

```
mysql> select @count as '该用户借阅书籍总数';
```

运行的效果如图 4-4 所示。

图 4-4

4.3 触发器

触发器是一种触发执行的程序，它是定义在数据表中，且当数据表上发生相应触发事件时自动执行的程序。它有两个显著特点：一是它是一个事先定义好了的程序，在执行之前需要在数据表中定义好；二是它能自动执行，与其他的程序不一样的是它能在某个事件发生时自动执行，而其他程序是需要调用后才能执行的。

4.3.1　触发事件

MySQL 支持如下 3 种类型的触发事件。

- INSERT 事件：当向表中插入记录时触发执行触发程序。例如，执行"insert into tbl_name values(v1,v2,v3,...)"的 INSERT 语句时。
- UPDATE 事件：当更新表中记录时触发执行触发程序。例如，使用 UPDATE 语句更新记录时。
- DELETE 事件：当删除表中记录时触发执行触发程序。例如，使用 DELETE 语句删除记录时。

对于触发程序的执行时间，MySQL 支持以下两种类型。

- BEFORE：在触发该触发程序的语句之前执行。例如，在 INSERT 语句之前执行 INSERT 类型的触发程序。
- AFTER：在触发该触发程序的语句之后执行。例如，在 DELETE 语句之后执行触发程序。

4.3.2　创建触发器

在创建触发器时，需要给出如下 4 条信息。

- 唯一的触发器名。
- 触发器关联的表。
- 触发器在什么操作下响应(应该在 DELETE、INSERT 或 UPDATE 中的什么时候执行)。
- 触发器在什么时间执行(该操作之前还是之后)。

创建触发器应该使用 CREATE TRIGGER 语句，其语法如下。

```
CREATE TRIGGER trigger_name {BEFORE | AFTER} {INSERT | UPDATE | DELETE}
    ON tbl_name FOR EACH ROW trigger_statement
```

其中，trigger_name 为触发器名称；tbl_name 为触发器关联的表的名称；trigger_statement 为触发器执行的语句或者语句块，如果为多条语句组成的语句块，可以使用 BEGIN...END 进行定义。组成 trigger_statement 的语句可以是存储过程中允许的任何语句。

　　示例：当向 db_test 数据库中的 card 表中新增一个借阅用户时，显示"新增用户成功"。实现其需求的创建触发器 SQL 语句如下。

```
mysql> delimiter //
mysql> create trigger trg_card after insert on card
    -> for each row
    -> begin
    -> select '已经增加数据' into @ee;
    -> end
```

```
-> //
Query OK, 0 rows affected (0.48 sec)
mysql> delimiter ;
```

当触发器创建成功后，触发器中所定义的 SQL 语句并不会马上执行，而是会等到向 card 表中插入数据后，这段 SQL 语句才会执行。运行以下的 INSERT 语句向表中增加数据。

```
mysql> insert into card(name,cname) values('张三','自动化 2 班');
Query OK, 1 row affected (0.33 sec)
```

对表中的数据进行查询，结果如图 4-5 所示。

图 4-5

成功增加数据后，查询触发器中定义的 "@ee" 变量，可以发现，@ee 变量的值已经发生改变，如图 4-6 所示。

图 4-6

以上示例充分说明了触发器中事先定义好的代码只有在触发器的触发条件满足时才会执行。在任何其他时候都不会执行。所以说，触发器是一种触发执行程序。

4.3.3   删除触发器

删除触发器的语法如下。

```
DROP TRIGGER trigger_name
```

其中，trigger_name 指触发器的名字。至此，我们已经多次看到类似于 "DROP ..." 的语法，在此对于删除触发器就不再示例了，请读者自行实验。需要注意的是，触发器不能更新或覆盖。为了修改一个触发器，必须先删除它，然后再重新创建。

4.3.4   INSERT 触发器

INSERT 触发器在 INSERT 语句执行之前或之后执行。需要知道以下几点。

- 在 INSERT 触发器代码内，可引用一个名为 NEW 的虚拟表，访问被插入的行数据。
- 在 BEFORE INSERT 触发器中，NEW 中的值也可以被更新(允许更改被插入的值)。
- 对于 AUTO_INCREMENT 列，NEW 在 INSERT 执行之前包含 0，在 INSERT 执行之后包含新的自动生成值。

示例：当阅览室的借阅人借阅一本书时，会在 borrow 表产生一条借阅记录(INSERT 操作)，此时被借阅的书籍的总数量应该减 1。利用触发器实现当 borrow 表的 insert 操作发生时，自动把 books 表的该书籍总数 quantity 减 1。利用 MySQL 的触发器实现的 SQL 语句如下。

```
mysql> delimiter //
mysql> create trigger trg_borrow_insert
    -> after insert on borrow
    -> for each row
    -> begin
    -> select new.bno into @b;
    -> update books set quantity = quantity - 1 where bno=@b;
    -> end
    -> //
Query OK, 0 rows affected (0.12 sec)
mysql> delimiter ;
```

从上面代码中看到，new.bno 指向 borrow 数据表中新插入的值的 bno 列的值。这就是利用了 NEW 关键字的 NEW.column_name 形式引用新数据记录中某列的值。

使用 NEW 时，如果是定义 BEFORE 触发程序，并且有 UPDATE 权限，可以使用“SET NEW.col_name=value”的方式修改它的值。也就是说，可以使用触发程序来修改将要插入到新行中的值，或用于更新新行的值。

当以上的触发器定义好后，尝试添加一条借阅记录：

```
mysql> insert into borrow(cno,bno,rdate) values(3,1,now());
Query OK, 1 row affected (0.07 sec)
```

通过查询借阅记录表 borrow 可以发现该借阅记录已经成功添加，如图 4-7 所示。

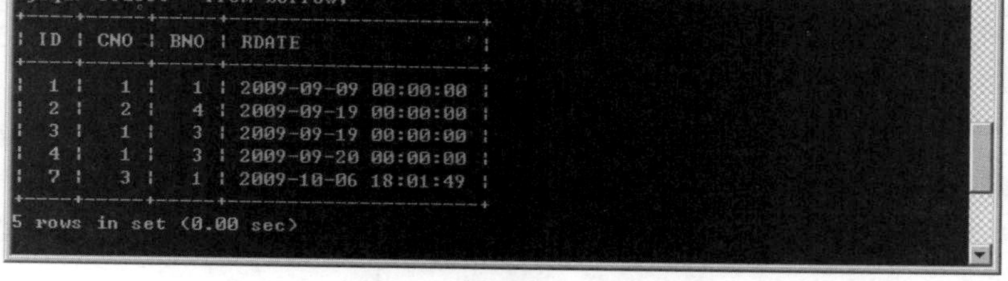

```
mysql> select * from borrow;
+----+-----+-----+---------------------+
| ID | CNO | BNO | RDATE               |
+----+-----+-----+---------------------+
|  1 |   1 |   1 | 2009-09-09 00:00:00 |
|  2 |   2 |   4 | 2009-09-19 00:00:00 |
|  3 |   1 |   3 | 2009-09-19 00:00:00 |
|  4 |   1 |   3 | 2009-09-20 00:00:00 |
|  7 |   3 |   1 | 2009-10-06 18:01:49 |
+----+-----+-----+---------------------+
5 rows in set (0.00 sec)
```

图 4-7

再查询书籍记录表 books 可以发现书号为 1 的书籍总数减 1 了，如图 4-8 所示。

```
mysql> select * from books;
+-----+-----------------+--------+-------+----------+
| BNO | BName           | AUTHOR | Price | Quantity |
+-----+-----------------+--------+-------+----------+
|   1 | 时间这样过       | 李曼曼 |  37.5 |      399 |
|   2 | 每天都幸福       | 同键   |  56.5 |      285 |
|   3 | 快乐时代         | 李天琪 |  42.5 |      185 |
|   4 | 每天学点PHP      | 李梦诗 |  87.5 |      700 |
|   5 | java是这样学的   | 王飞   |  32.5 |      380 |
|   6 | HTML需懂得       | 郑磊   |  67.5 |      200 |
|   7 | 大学干什么       | 张少龙 |  27.5 |      300 |
|   8 | 专业如何选       | 赵六   |    32 |      200 |
|   9 | photoshop 学一点 | 黎曼   |    36 |      450 |
|  10 | 精英成长记       | 李丽   |  47.5 |      365 |
|  11 | 幸福是什么       | 张七虎 |  27.5 |      300 |
|  12 | 专业如何选3      | 赵六   |    32 |      200 |
|  13 | photoshop学精通  | 黎曼   |    36 |      450 |
|  14 | 绘画技巧         | 李肖丽 |  47.5 |      365 |
+-----+-----------------+--------+-------+----------+
14 rows in set (0.00 sec)
```

图 4-8

4.3.5 DELETE 触发器

DELETE 触发器在 DELETE 语句执行之前或之后执行。使用 DELETE 触发器，需要知道以下两点。

● 在 DELETE 触发器代码内，可以引用一个名为 OLD 的虚拟表，从 OLD 表可以访问到被删除的行的数据。

● OLD 的值全都是只读的，不能更新。

示例：对 db_test 数据库中的 borrow 数据表建立 DELETE 触发器，当删除一条借阅记录时，该借阅记录的书籍号所对应的书籍数量加 1。实现该需求的 SQL 代码如下。

```
mysql> delimiter //
mysql> create trigger trg_borrow_delete
    -> after delete on borrow
    -> for each row
    -> begin
    -> select OLD.bno into @b;
    -> update books set quantity=quantity+1 where bno=@b;
    -> end
    -> //
Query OK, 0 rows affected (0.10 sec)

mysql> delimiter ;
```

以上代码中定义了如果要对 borrow 数据表进行删除操作，由 OLD 读出要删除的这条借阅记录是借了哪一本书(书籍编号是多少)，再根据书籍编号将对应的书籍数量做加 1 处理。

创建好触发器后，执行删除语句如下。

```
mysql> delete from borrow where ID=7;
Query OK, 1 row affected (0.08 sec)
```

在完成删除操作后，重新查询 borrow 数据表，该借阅记录已经删除，如图 4-9 所示。

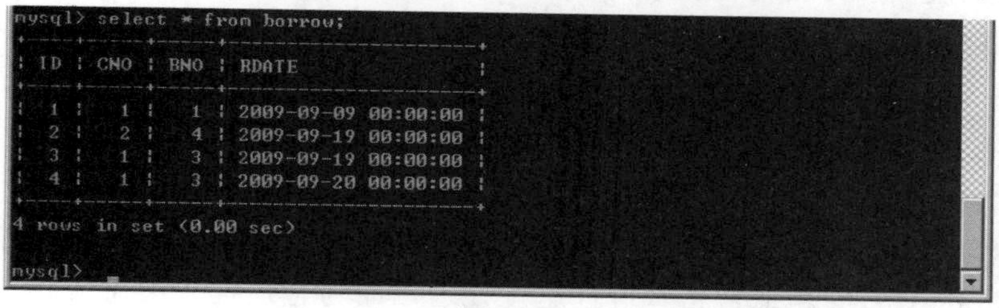

图 4-9

对书籍信息进行查询，效果如图 4-10 所示。

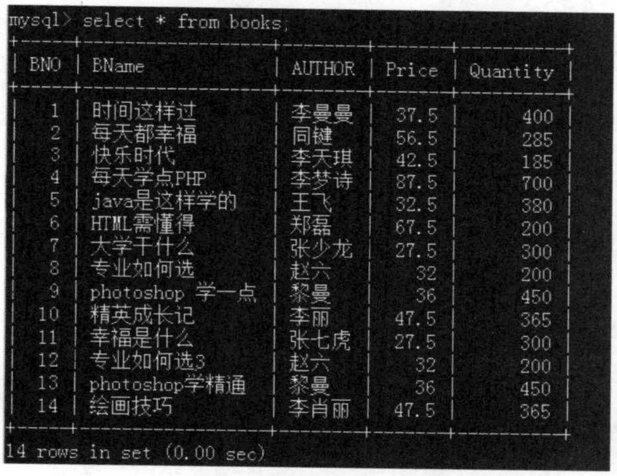

图 4-10

由图可知，删除的借阅记录所对应的书籍数量已经增加了。至此，完成了 db_test 数据库中 borrow 数据表 DELETE 触发器的创建。

4.3.6 UPDATE 触发器

UPDATE 触发器在 UPDATE 语句执行之前或之后执行。需要知道以下几点。

- 在 UPDATE 触发器代码中，可以引用一个名为 OLD 的虚拟表访问以前(UPDATE 语句前)的值，引用一个名为 NEW 的虚拟表访问新更新的值。
- 在 BEFORE UPDATE 触发器中，NEW 中的值也可以被更新(允许更改将要用于 UPDATE 语句中的值)。
- OLD 中的值全都是只读的，不能更新。

实际上，UPDATE 操作可以理解为"删除+新增"并存的一种操作，所以 UPDATE 触发器也可以理解为同时具有 NEW 和 OLD 两个虚拟表的触发器。以前两节示例实验效果为基础，请读者自行实验 UPDATE 触发器。

4.3.7 关于触发器

请记住触发器以下几个重点。

- 与其他 DBMS 相比,MySQL 中支持的触发器相当初级。例如,它没有类似于 MS-SQL 的列级触发器。
- 创建触发器需要特殊的安全访问权限,但是,触发器的执行是自动的,与权限无关。
- 应该用触发器来保证数据的一致性(大小写、格式等)。在触发器中执行这种类型的应用的优点是它总是进行这种处理,而与客户机应用无关。
- 触发器的一种非常有意义的使用是创建审计跟踪。使用触发器,把更改(甚至之前之后的状态)记录到另一个表非常容易。
- MySQL 触发器中不支持 CALL 语句。这表示不能从触发器内调用存储过程。所需的存储过程代码需要复制到触发器内。

【单元小结】

- 了解视图的作用,掌握如何创建、删除、修改视图
- 掌握创建、删除存储过程及参数、返回值复杂的存储过程
- 理解触发器概念,创建、删除几种不同的触发器

【单元自测】

1. 关于视图,(   )说法是错误的。

A. 使用视图,可以简化数据的使用

B. 使用视图,可以保护敏感数据

C. 视图是一种虚拟表,视图中的数据只能来源于物理数据表,不能来源于其他视图

D. 视图中只存储了查询语句,并不包含任何数据

2. 银行系统中有账户表和交易表,账户表中存储了各存款人的账户余额,交易表中存储了各存款人每次的存取款金额。为保证存款人每进行一次存、取款交易,都正确地更新了该存款人的账户余额,以下选项中正确的做法是(   )。

A. 在账户表上创建 insert 触发器   B. 在交易表上创建 insert 触发器

C. 在账户表上创建检查约束   D. 在交易表上创建检查约束

3. 下面关于存储过程的描述不正确的是(   )。

A. 存储过程实际上是一组 T-SQL 语句

B. 存储过程预先被编译存放在服务器的系统中

C. 存储过程独立于数据库而存在

D. 存储过程可以完成某一特定的业务逻辑

4. 可以创建视图的语法是(　　)。

 A. CREATE TRIGGER   B. CREATE DATABASES

 C. CREATE VIEW   D. CREATE PROCEDURE

5. 可以创建触发器的语法是(　　)。

 A. CREATE TRIGGER   B. CREATE DATABASES

 C. CREATE VIEW   D. CREATE PROCEDURE

【上机实战】

上机目标

- 熟练掌握视图的使用
- 熟练掌握触发器的使用
- 熟练掌握存储过程的使用

上机练习

◆ 第一阶段 ◆

练习 1：创建一个视图，用于查询学生的基本信息，要求查询出来的信息中包括班级名称字段。

【问题描述】

创建视图 view_stuinfo 查询所有学生的基本信息，视图包括的字段有 SID、Name、Age、Sex、CName。

【问题分析】

本练习主要学习如何创建一个视图。

学生信息表中并不包括班级名称字段，只有在班级信息表中才有该字段。因此，本视图在创建过程中需要对学生信息表和班级信息表进行连接查询。

【参考步骤】

(1) 编写如下的 SQL 语句，用以创建视图。

```
mysql> create view view_stuinfo as
    -> select SID,Name,Age,Sex,CName
    -> from stuinfo left join clsinfo
    -> on stuinfo.CID=clsinfo.CID;
Query OK, 0 rows affected (0.10 sec)
```

(2) 对该创建好的视图做查询，如图 4-11 所示。

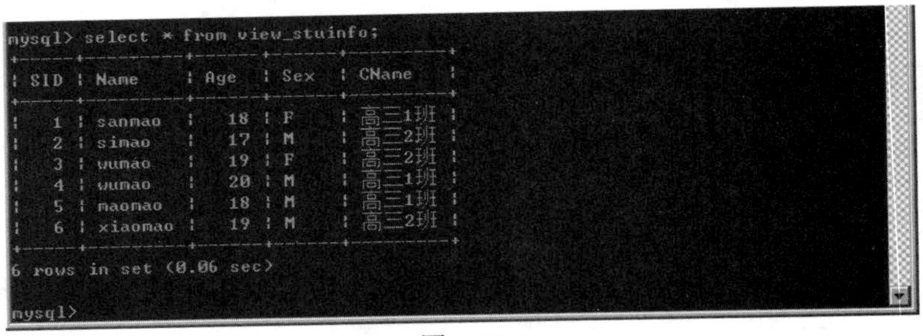

```
mysql> select * from view_stuinfo;
+-----+----------+-----+-----+---------+
| SID | Name     | Age | Sex | CName   |
+-----+----------+-----+-----+---------+
|   1 | sanmao   |  18 | F   | 高三1班 |
|   2 | simao    |  17 | M   | 高三2班 |
|   3 | wumao    |  19 | F   | 高三2班 |
|   4 | wumao    |  20 | M   | 高三1班 |
|   5 | maomao   |  18 | M   | 高三1班 |
|   6 | xiaomao  |  19 | M   | 高三2班 |
+-----+----------+-----+-----+---------+
6 rows in set (0.06 sec)

mysql>
```

图 4-11

练习 2：创建一个存储过程，用于向 stuinfo 表插入学生信息。

【问题描述】

向 stuinfo 表增加学生信息，存储过程的参数应该有：学生姓名、年龄、性别、所在班级编号。因为增加完成后无须返回，所以存储过程可以没有返回值。

【问题分析】

本练习主要学习如何创建一个有参无返回值的存储过程。

【参考步骤】

(1) 编写如下的 SQL 语句，用以创建存储过程。

```
mysql> delimiter //
mysql> create procedure proc_stuinfo
    -> (
    -> in v_Name varchar(20),
    -> in v_Age int(4),
    -> in v_Sex varchar(20),
    -> in v_CID int(4)
    -> )
    -> begin
    ->insert into stuinfo(Name,Age,Sex,CID)
    values(v_Name,v_Age,v_Sex,v_CID);
    -> end
    -> //
```

```
Query OK, 0 rows affected (0.40 sec)

mysql> delimiter ;
```

（2）在存储过程创建完成后，可以对该存储过程使用 call 指令进行调用，如图 4-12 所示。

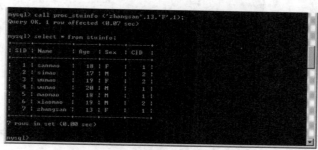

图 4-12

（3）在执行完存储过程后，对表进行查询，可以发现表中已经添加了刚才使用存储过程添加进来的数据。

练习 3：创建一个触发器，用于对 gradeinfo 中的数据进行修改时，对数据所做的修改信息都保留到 Remark 字段中。

【问题描述】

此触发器的创建要在修改数据之前进行，在修改数据之前把 NEW 数据表中的 Remark 字段的内容改为修改数据的时间。从而将修改信息记录到新的数据表中。

【问题分析】

本练习主要学习如何创建一个触发器。

【参考步骤】

（1）编写如下的 SQL 语句，用以创建该表上的存储过程。

```
mysql> delimiter //
mysql> create trigger trg_gradeinfo_update
    -> before update on gradeinfo
    -> for each row
    -> begin
    -> set new.remark=concat(date_format(now(),'%Y-%m-%d %k:%i:%s'),'修改了数据');
    -> end
    -> //
Query OK, 0 rows affected (0.10 sec)
```

(2) 在触发器创建完成后，我们可以看到，查询出来的数据如图 4-13 所示。

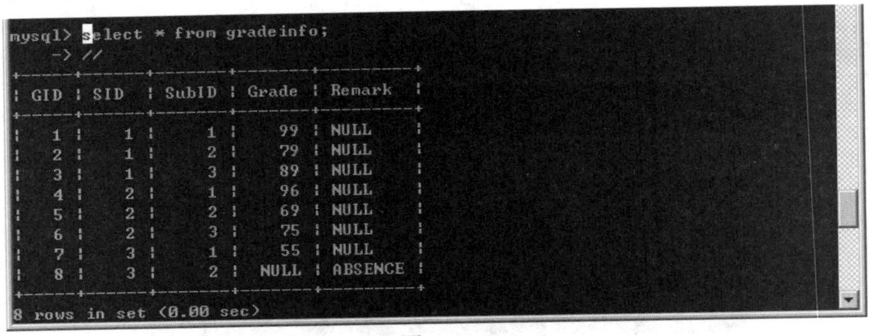

```
mysql> select * from gradeinfo;
    -> //
+-----+-----+-------+-------+---------+
| GID | SID | SubID | Grade | Remark  |
+-----+-----+-------+-------+---------+
|   1 |   1 |     1 |    99 | NULL    |
|   2 |   1 |     2 |    79 | NULL    |
|   3 |   1 |     3 |    89 | NULL    |
|   4 |   2 |     1 |    96 | NULL    |
|   5 |   2 |     2 |    69 | NULL    |
|   6 |   2 |     3 |    75 | NULL    |
|   7 |   3 |     1 |    55 | NULL    |
|   8 |   3 |     2 |  NULL | ABSENCE |
+-----+-----+-------+-------+---------+
8 rows in set (0.00 sec)
```

图 4-13

(3) 此时，对 GID=8 的同学的数据进行更新，如图 4-14 所示。

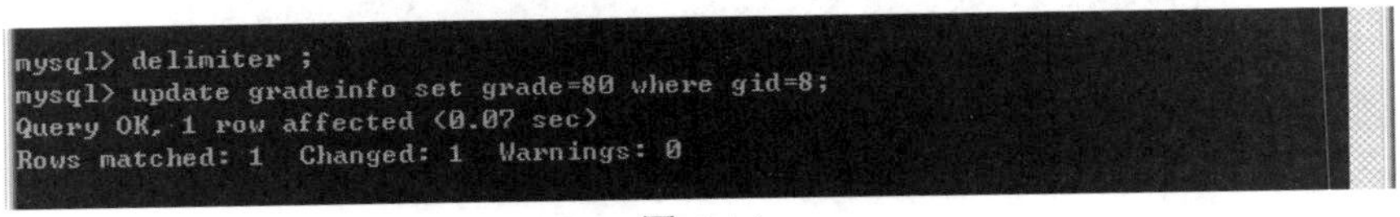

```
mysql> delimiter ;
mysql> update gradeinfo set grade=80 where gid=8;
Query OK, 1 row affected (0.07 sec)
Rows matched: 1  Changed: 1  Warnings: 0
```

图 4-14

(4) 更新完成后再对表进行一次查询，结果如图 4-15 所示。

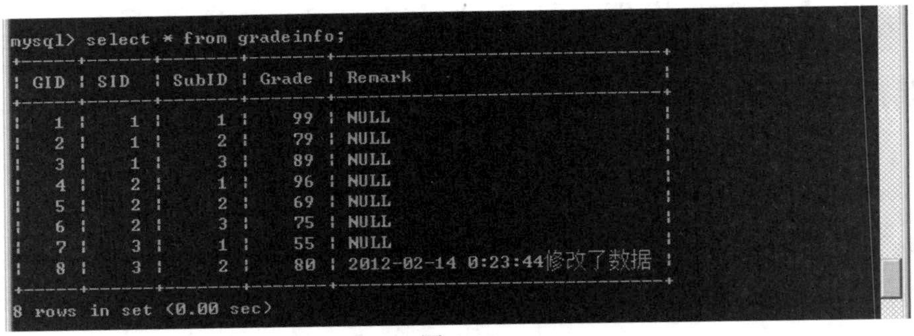

```
mysql> select * from gradeinfo;
+-----+-----+-------+-------+-----------------------------+
| GID | SID | SubID | Grade | Remark                      |
+-----+-----+-------+-------+-----------------------------+
|   1 |   1 |     1 |    99 | NULL                        |
|   2 |   1 |     2 |    79 | NULL                        |
|   3 |   1 |     3 |    89 | NULL                        |
|   4 |   2 |     1 |    96 | NULL                        |
|   5 |   2 |     2 |    69 | NULL                        |
|   6 |   2 |     3 |    75 | NULL                        |
|   7 |   3 |     1 |    55 | NULL                        |
|   8 |   3 |     2 |    80 | 2012-02-14 0:23:44修改了数据 |
+-----+-----+-------+-------+-----------------------------+
8 rows in set (0.00 sec)
```

图 4-15

(5) 从图中可以看到，触发器可以自动执行，因此任何时候修改成绩数据都是有记录的。

【拓展作业】

1. 新建一个查询成绩信息的视图，要求显示的字段如下。
   成绩编号、姓名、科目名称、成绩
2. 新建一个用于新增成绩信息的存储过程，要求的参数如下。
   输入参数：学生编号、科目编号、成绩
   输出参数：无
3. 新建一个用于统计某一个人的平均成绩的存储过程，要求的参数如下。
   输入参数：学生编号
   输出参数：该学生的平均成绩

4. 新建一个用于统计班级平均成绩的存储过程，要求的参数如下。

　　输入参数：班级编号

　　输出参数：该班级的平均成绩

5. 创建一个删除班级信息的触发器，当删除班级信息时，先自动将该班级所有学生和学生的成绩信息删除。

单元 五

PHP 起点

课程目标

► 了解 PHP
► 了解 PHP 开发环境及配置
► 掌握 PHP 常用编辑器的用法
► 掌握 PHP 的基本语法以及控制流程
► 掌握 PHP 的函数格式

 **简 介**

　　近年来，随着网络技术的发展，动态网站技术呈现出百家争鸣的景象。微软公司推出的 Active Server Pages(ASP)和基于.Net 平台的 ASP.NET 是基于 Windows 平台的动态网站开发技术，以及是由 Sun Microsystems 公司倡导，许多公司参与一起建立的一种动态网页技术标准 JSP(Java Server Pages)。由 Zend 公司所推出的 PHP 也成为另一门跨平台的动态网站开发语言。

　　PHP，是英文超级文本预处理语言 Hypertext Preprocessor 的缩写。PHP 是一种 HTML 内嵌式的语言，是一种在服务器端执行的嵌入 HTML 文档的脚本语言，语言的风格类似于 C 语言，主要用于处理动态网页。它是当今 Internet 上最为火热的脚本语言。它也包含命令行执行接口(Command Line Interface)或用于创建图形用户界面(GUI)的程序。

5.1 PHP 开发环境和配置

　　学习 PHP 需要一个开发环境。由于 PHP 是一门服务器端脚本语言，因此在学习时需要一个可发布 PHP 脚本的 Web 服务器。Web 服务器有很多，如基于 Windows 平台的 IIS、基于 UNIX/Linux 平台的 Apache 服务器等。当然，Apache 也有基于 Windows 平台的版本。

　　安装 PHP 环境，首先需要获取 Web 服务器和 PHP 的安装包。本书以 Apache 服务器为例，讲解 PHP 开发环境的安装。Apache 服务器和 PHP 都是免费的，并且也是开放源码的，因此可以从其官方网站免费下载。

5.1.1 安装 Apache 服务器

　　Apache 服务器是最为流行的 Web 服务器之一，可以运行在几乎所有的计算机平台上。它是由 NCSA 服务器发展而来的。Apache 最初是 UNIX 系统上的一个服务器，其设计目标是建立一个全功能、高效率的 Web 服务器。由于其免费、开放源码性，Apache 服务器的发展相当迅速。

　　大家可以在其官方网站 http://httpd.apache.org/download.cgi 下载最新版本。下载的 Apache 服务器分为两种：一种是源码包，一种是安装包。如果是在 UNIX/Linux 系统上安装，可以选择下载源码包，将下载后的源码包在 UNIX/Linux 平台上进行编译即可。若是在 Windows 系统上进行安装，可下载其已编译好的安装包。

　　通常下载的 Apache 安装包文件名类似为 httpd-2.2.21-win32-x86-no_ssl.msi。其中，2.2.21 为 Apache 服务器的版本号；win32-x86 表示该安装包只能在 Windows 平台下安装；no_ssl 表示该安装包不包含安全套接层(SSL)协议。目前最稳定的新的可用版本为

Apache2.2.21，本书也将采用该版本。

下载完成后，安装步骤如下。

第一步：双击下载的 Apache 安装包，启动 Apache 安装向导，如图 5-1 所示。

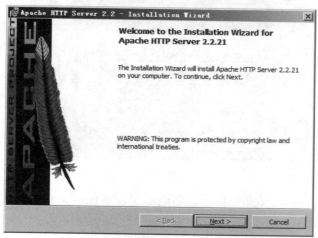

图 5-1

第二步：在"Installation Wizard"对话框中，单击"Next"按钮，弹出"License Agreement"界面，如图 5-2 所示。

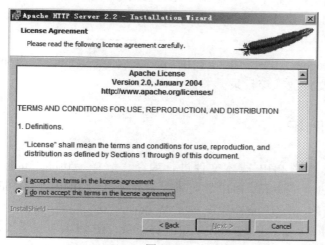

图 5-2

第三步：继续单击"Next"按钮，直到出现"Server Information"界面，效果如图 5-3 所示，大家安装时直接按图所示填写就行了。这里"Network Domain"表示域名，"Server Name"表示服务器名称，"Administrator's Email Address"表示管理员的电子邮件。第一个单选按钮要求选择所安装的 Apache 服务器是否让本计算机的所有用户使用，并将 Apache 服务器安装为 Windows 服务，这是 Apache 推荐的方式。若不想让当前计算机的所有用户使用，可点选第二个单选按钮，则只用于当前用户，并且需手动启动所安装的 Apache 服务器，其端口是 8080。

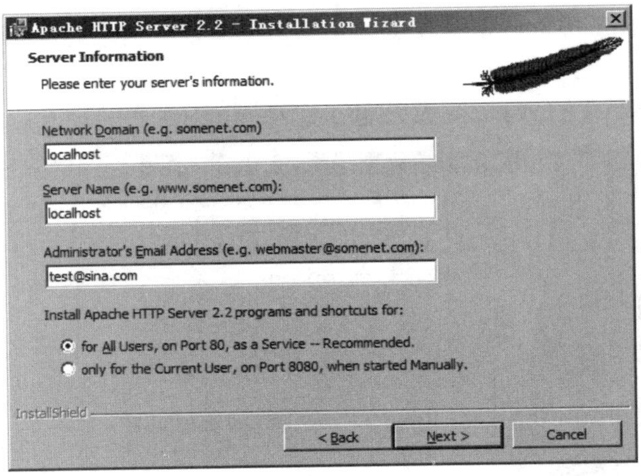

图 5-3

第四步：继续单击"Next"按钮，完成后可在桌面右下角系统状态栏显示 Apache 运行图标 ，至此，Apache 服务器安装完毕。

注意

如果遇到 Apache 无法启动的情况，则通常都是因为其他应用程序占用了 80 端口，所以需要检查是否有正在运行占用 80 端口的软件，如迅雷、PPLIVE、快车等程序。尝试关闭这些程序重新启动 Apache 服务。

新安装的 Apache，其网站根目录为 Apache 安装目录下的名为 htdocs 的目录，将需要运行的网页文件放入该目录。

5.1.2 安装 PHP

PHP 包提供了对 PHP 脚本文件进行编译、解释等功能，可以通过其官方网站 http://www.php.net 免费获得。PHP 官方网站提供了 3 种 PHP 包的下载：第一种是源码包；第二种是 WindowsZIP 包；第三种是 Windows 安装包。

若是在 Windows 平台安装 PHP，可选择下载 ZIP 压缩包或是 Windows 安装包进行安装。若是在 UNIX/Linux 系统上安装 PHP，可下载源码包直接进行编译。

安装完成后修改 Apache 配置文件，打开 Apache 安装目录下 conf 目录中的 httpd.conf 文件。打开 httpd.conf 文件，找到如下代码。

```
#LoadModule ssl_module modules/mod_ssl.so
```

在该行下添加如下内容。

```
LoadModule php5_module c:/php/php5apache2.dll

AddType application/x-httpd-php.php
```

```
PHPIniDir "c:\php"
```

重新启动 Apache 服务器。至此，Apache 服务器和 PHP 安装完成。

5.1.3　安装整合套件 WAMP

前面讲到的 PHP 开发环境的安装，需要先安装 Apache 服务器，然后再安装 PHP。实际上在 Windows 平台上有一种较为简单的方式，就是直接使用已经包含 Apache 服务器和 PHP 的整合套件。

WAMP 是一个只能用于 Windows 平台的整合套件，可通过其官方网站"http://www.wampserver.com/en/"下载，下载安装完成后在屏幕右下角系统状态栏中将显示图标，在浏览器地址栏输入"http://127.0.0.1"，将显示类似如图 5-4 所示的WAMP 管理界面。

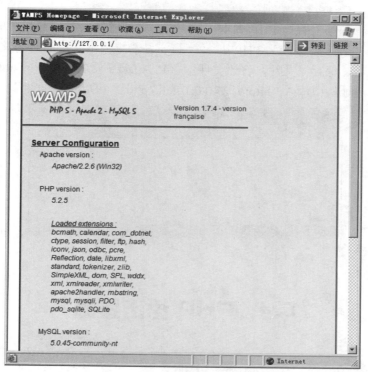

图 5-4

5.2　开发工具

使用记事本是在进行 PHP 开发中最简单的一种开发方式，但是选择一个具有相关功能的编译器或合适的集成开发环境(IDE)，无疑会使你有事半功倍的效果。

目前常用的开发工具有以下几种。

- EditPlus
- NotePad++
- Eclipse+PDT
- ZendStudio for Eclipse
- Dreamweaver

5.3 第一个 PHP 程序：HELLO,WORLD!

创建一个文本文件，再将文件名改为 hello.php，在该文件中写入以下代码：

```php
<?php
echo "HELLO,WORLD!";
?>
```

其中第一行和第三行为 PHP 脚本标记，其含义是通知服务器标记内的脚本需要以 PHP 引擎解释该脚本。中间为 PHP 脚本，echo 表示将输出其后的内容。

输入完成后，保存该文件，将该文件保存到 Apache 安装目录下的 htdocs 目录中，然后在浏览器地址栏中输入"http://127.0.0.1/hello.php"，可以看到如图 5-5 所示的效果。

图 5-5

5.4 PHP 语法基础

5.4.1 常量

常量就是在脚本执行期间其值不会改变的量。通常都会给常量起一个用于识别的名称，这个识别名称就是标识符。标识符通常都要遵循 PHP 的命名规范，即以字母或下画线开头，后面跟任何字母、数字或下画线。

常量默认大小写敏感，但按照惯例，常量名均采用大写形式。常量的作用域是全局的，不管常量是在哪个作用范围内定义的，均可在程序的任何位置进行调用。一个常量一旦被定义，就不能修改或取消。定义常量的语法格式如下。

```
bool define(string $name,mixed $value,[,bool $case_insensitive])
```

其中，$name 是常量名；$value 是常量的值；布尔型$case_insensitive 表示常量名是否大小写敏感，若为 true，则表示变量名大小写不敏感，若为 false，则表示变量名大小写敏感，默认为 false。

下面的代码演示了常量的几种形式。

```
<?php
define("DEFAULT_PATH","/var/www/");              //定义常量，大小写敏感
define("UPLOADS_PATH","/var/www/uploads/",true); //定义常量，大小写不敏感
echo default_path;                               //打印常量，未定义
echo DEFAULT_PATH;                               //打印常量，输出/var/www/
echo UPLOADS_PATH;                               //打印常量，输出
/var/www/uploads/
echo uploads_path;                               //打印常量，输出
/var/www/uploads/
?>
```

从上面的示例可以看到，采用大小写不敏感的方式进行定义，虽然在引用时比较方便，但为了和惯例靠拢，应尽量采用大小写敏感的方式进行常量的定义。

5.4.2　系统常量

PHP 提供了大量的系统预定义常量，分为两类：一类是内核预定义常量，一类是标准预定义常量。内核预定义常量是在 PHP 的内核中进行定义的，而标准预定义常量是在 PHP 中默认定义的。大部分常量是由不同的扩展库定义的，只有加载了这些扩展库，这些预定义常量才可以使用。

常量在整个脚本运行过程中的值是不变的，但是有这样几个魔术常量，它们的值会根据使用的位置而改变。例如，__FILE__ 常量的值会随它所在的脚本文件的不同而不同。而实际应用中可在脚本文件中直接使用这些变量。代码如下所示。

```
<?php
echo "Operation System:" . PHP_OS . "\n";      //打印出操作系统名称
echo "PHP version:" . PHP_VERSION . "\n";       //打印出 PHP 版本
echo "current line:" . __LINE__ . "\n";         //显示当前行数
?>
```

对于更多的系统常量，大家在应用时可自行查看相关文档，这里不做过多介绍。

5.4.3　变量

在 PHP 中，变量采用美元符号($)加变量名来表示。变量名是大小写敏感的，下面

的代码定义了两个不同的变量。

```
$var = 'this is a string';        //定义一个字符串类型的变量
$Var = 150;                       //定义一个整型变量
```

其中，var、Var 是两个不同的变量。

 注意

> PHP 中，变量在使用前无须预先定义，可以直接在使用时定义变量，但是在类中的变量却需要先定义再使用。同时在定义变量时，也可以不用初始化变量，未初始化的变量具有其类型的默认值。

变量赋值有以下两种。

第一种：传值赋值(PHP 默认的)。

第二种：引用赋值，指新变量直接引用了原始变量。这种方式赋值需要在要赋值的变量前加一个"&"符号来实现。下面的代码说明了两种赋值方式的应用。

```
<?php
$a = "张三";                    //采用传值方式赋值
$b = $a;                        //将$a 赋值给$b
echo "a:" . $a . "\n";          //输出 a:张三
echo "b:" . $b . "\n";          //输出 b:张三
$a = "李四";                    //定义变量
echo "a:" . $a . "\n";          //输出 a:李四
echo "b:" . $b . "\n";          //输出 b:张三
                                //采用引用赋值的方式进行赋值

$c = &$b;
echo "c:" . $c . "\n";          //输出 c:张三
$b = "王五";
echo "a:" . $a . "\n ";         //a:李四
echo "b:" . $b . "\n";          //b:王五
echo "c:" . $c . "\n";          //b:王五
?>
```

在上述程序中，采用了传值赋值和引用赋值的方式进行赋值，大家对比程序结果可知，采用传值赋值时，程序第 6 行改变变量$a 的值，另一变量$b 不会发生变化。而采用引用赋值时，程序中改变变量$b 的值时，变量$c 的值发生了变化，而$a 的值不会发生变化。

 注意

> 上例代码中点号用于连接字符串。

5.4.4 PHP 数据类型

在PHP中支持8种原始数据类型：其中包括4种标量类型，分别为布尔型(boolean)、整型(integer)、浮点型(float)和字符串类型(string)；两种复合类型，分别为数组(array)和对象(object)；两种特殊类型，分别为资源(resource)和空值(null)。

PHP 是一种弱类型的语言(loosely typed language，也译作"宽松类型"或"松散类型")。在定义时，无须事先声明其数据类型，PHP 会自动在运行时将其转换成相应的数据类型。

PHP 的这种自动设置数据类型的特性给程序员提供了相当大的便利，但是也存在一定的隐患。很可能 PHP 在运行时设置的数据类型与程序员在开发时所设想的数据类型完全相反。因此，PHP 提供了强制类型转换来弥补这一问题。例如，程序员在开发时可以直接使用 settype 等函数强制转换为程序所需要的数据类型。参考表 5-1。

表 5-1

类 型	数据类型	说 明
标量数据类型	布尔型(boolean)	取值 true 和 false
	整型(integer)	其值可以用十进制、八进制和十六进制来表示，在其前加"+"和"-"表示正负
	浮点型(float)	浮点数的字长和平台无关，通常浮点数的精度存在一些问题，在应用浮点数时，尽量不要将一个很大的数和一个很小的数相加减，否则很小的数会被忽略
	字符串型(string)	若想在输出字符串的同时输出单引号，需要使用转义序列符(\)进行转义(转义符用于将不能在字符串中直接输出的字符进行转义)。若想输出反斜杠，需要使用(\\)。若想将两个字符串或多个连接起来，可使用点(.)运算符来连接。采用三种方式来表示：单引号、双引号和定界符(<<<EOF EOF，详见下面示例)
复合数据类型	数组(array)	
	对象(object)	类似于 Java 和 C#中的对象
特殊数据类型	资源(resource)	资源是一种特殊的变量，它保存着对外部资源的一个引用。例如，一个网站中的超链接，其实际的内容为其指向的如 URL 或者图片资源。由于资源类型变量保存着打开文件、数据库连接、图形画布区域等诸多特殊内容，是一个个体，因而无法将其他类型的数值转换为资源类型
	空值(null)	表示一个没有值的变量

5.4.5 PHP 运算符和表达式

1. 赋值运算符

赋值运算符是简单的一种运算符，与 Java 和 C#一样使用等号(=)。

2. 算术运算符

算术运算符如表 5-2 所示。

表 5-2

运算符	名　称	用　法	功　能
～	取反运算符	～$a	将$a 取反
+	加法	$a+$b	将$a 与$b 相加
-	减法	$a-$b	将$a 与$b 相减
*	乘法	$a*$b	将$a 与$b 相乘
/	除法	$a/$b	将$a 与$b 相除
%	取模	$a%$b	将$a 与$b 相除，取余数
++	自增	$a++	将$a 自加 1
--	自减	$a--	将$a 自减 1

3. 字符串运算符

字符串运算符如表 5-3 所示。

表 5-3

运算符	名　称	用　法	功　能
.	连接运算符	$a.$b	将$a 和$b 连接起来
.=	连接赋值运算符	$a .= $b	连接字符串$a 与$b，并赋值给$a

下面看一个字符串连接的示例。

```php
<?php
$a = 12;
$b = 5;
$str = '我被连接起来了';
//字符串连接
echo $a.$b.$str;
//三元运算符
echo $a > $b ? "天外飞仙" : "降龙十八掌";    ?>
```

4. 比较运算符

比较运算符如表 5-4 所示。

表 5-4

运算符	名 称	用 法	功 能
==	等于	$a==$b	$a 等于$b，就返回 true
===	全等于	$a===$b	$a 等于$b，且它们的类型相等，就返回 true
!=,<>	不等于	$a!=$b $a<>$b	$a 不等于$b，就返回 true
!==	不全等于	$a !==$b	$a 不等于$b，或者它们的类型不相同，就返回 true
<	小于	$a < $b	$a 小于$b，就返回 true
>	大于	$a > $b	$a 大于$b，就返回 true
<=	小于等于	$a <= $b	$a 小于等于$b，就返回 true
>=	大于等于	$a >= $b	$a 大于等于$b，就返回 true

 注意

如果比较一个字符串和整数，字符串将被转换为整数进行比较；若比较两个字符串，则将它们转换为整数后再进行比较。

5. 逻辑运算符

逻辑运算符如表 5-5 所示。

表 5-5

运算符	名 称	用 法	功 能
and , &&	逻辑与	$a and $b,$a && $b	如果$a 和$b 都为 true，就返回 true
or, ||	逻辑或	$a or $b , $a || $b	$a 或$b 任一为 true，返回 true
xor	逻辑异或	$a xor $b	如果$a 和$b 有且仅有一个为 true，就返回 true
!	逻辑非	!$a	如果$a 不为 true 就返回 true

6. 位运算符

PHP中的位运算符允许对整型数中的指定位进行移动操作(注意：这里的位是二进制形式)，如果运算符左右参数都是字符串，则位运算符操作字符串的 ASCII 值。位运算符如表 5-6 所示。

表 5-6

运算符	名 称	用 法	功 能
&	按位与	$a & $b	如果$a 和$b 相对应的位都为 1，则结果中的该位为 1
|	按位或	$a | $b	如果$a 和$b 相对应的位有一个为 1，则结果中的该位为 1
^	按位异或	$a ^ $b	如果$a 和$b 相对应的位不同，则结果中的该位为 1
~	按位非	~$a	将$a 中为 0 的位置改为 1，为 1 的位置改为 0
<<	左移	$a << $b	将$a 中的位向左移动$b 位(每一次移动都相当于乘以 2)
>>	右移	$a >> $b	将$a 中的位向右移动$b 位(每一次移动都相当于除以 2)

7. 表达式

PHP 中的表达式可分为赋值运算表达式、算术运算表达式、字符串运算表达式、比较运算表达式、逻辑运算表达式和位运算表达式，使用方法与 Java 和 C#中的大同小异，这里不再赘述，在后面的示例中会使用到。

5.5　PHP 流程控制

PHP 提供了一组流程控制语句用于实现程序执行顺序。这里的条件控制语句和循环控制语句与 Java 和 C#中的区别不大，此处不再详细介绍语法基础，只通过案例来讲解用法，并对跳转语句做单独介绍。

- 条件控制语句：if 和 switch

```php
<?php
                    //每一行语句结束时用分号结束
$a   = "Hello LAMP!";
$a .= " Hello Word!";
echo $a;
if(isset($a)){          //函数 isset 用于检测变量是否已经被赋值，返回值为布尔类型
 echo '变量$a 已经被定义';
}else{
 echo '变量$a 还未被定义';
}
?>
```

- 循环控制语句：while、do-while、for 和 foreach

- 跳转控制语句：break、continue 和 return

5.6 跳转语句

跳转语句用于实现程序流程的跳转，PHP 提供了 3 种跳转语句：break、continue 和 return。

5.6.1 break 跳转语句

break 跳转语句用于结束当前 while、do-while、for、foreach 循环和 switch 分支语句的执行。它可接受一个可选的数字来决定跳出几层循环。

下面的示例演示了 break 语句的使用。

```php
<!--在下面程序中，当变量为 5 时，则直接跳出外层循环-->
<?php
for($a=10 ; $a > 0; $a--){
 switch($a){
        case 3:                 //当变量为 3 时，跳出当前循环
            echo $a . "\n";
            break 1;
        case 5:                 //当变量为 5 时，跳出两层循环
            echo $a . "\n";
            break 2;
        default:                //当变量为其他值时不执行任何操作
            break;
    }
}
?>
```

 注意

在 break 后跟数字，必须是在多重(包括两重)循环嵌套内，否则会出现错误。

5.6.2 continue 跳转语句

continue 语句用于在循环结构中跳过本次循环的剩余代码，并在条件表达式为 true 时进行下一次循环。

下面的示例演示了 continue 语句的使用。

```php
<?php
```

```
for($a=10 ; $a > 0; $a--){
 switch($a){
            case 3:                    //当变量为 3 时，跳出本次循环，进行下一次循环
                echo $a . "\n";
                continue 1;
            case 5:                    //当变量为 5 时，跳出外层循环，进行下一次循环
                echo $a . "\n";
                continue 2;
            default:                   //当变量为其他值时不执行任何操作
                break;
        }
 }
 ?>
```

使用时要注意，break 是跳出整个循环体，而 continue 则是跳过本次循环，并继续向下执行。使用时一定要注意两者的区别。

5.6.3　return 跳转语句

return 语句用于结束一个函数或文件。如果一个函数中使用 return 语句，将结束函数的执行，并将其参数作为函数的值返回。但如果是在全局范围内使用 return 语句，则终止当前脚本文件的执行。如果当前脚本文件是被 include 或是 require 的，则控制交回调用文件。如果脚本文件是被 include 的，return 语句的值将被作为 include 的返回值。下面对文件包含进行详细讲解。

5.7　文件包含

在实际应用开发中，常常需要将一些公用的程序代码放到一个单独的文件中，而其他文件在需要使用这些代码时只需要将此单独的文件包含即可，这有利于代码的重用。

5.7.1　使用 include 和 include_once 包含文件

include 语句与 include_once 语句的文件包含功能和使用方法一样，但存在一点小的差别。

1. include 语句

include 语句用于包含并运行指定文件，其语法格式如下。

```
include(string filename)
```

其中，string 表示要引用的文件名的类型为字符串型；filename 为要包含的文件名。找寻所包含的文件名是从当前工作目录相对的 include_path 开始查找的，然后查找当前脚本文件所在目录的相对 include_ path。但如果文件名是以(./)或者(../)开始，则只在当前工作目录相对的 include_path 下找寻。

当一个文件被包含时，该文件继承了包含该文件所在行的变量范围。从该处开始，调用文件在该处可用的所有变量在被调用文件中均可直接进行调用，但是所有在被包含文件中定义的函数和类都具有全局作用域。

下面示例演示了 include 语句实现文件的包含，代码如下。

```php
<?php
$name = "李明博" ;
echo "name1:" .$name. "\n";
echo "age1:" .$age. "\n";
include("inctest.php");
echo "name2:" .$name. "\n";
echo "age2:" .$age. "\n";
?>
```

其中，inctest.php 为被包含的文件，该文件代码如下。

```php
<?php
echo "name1:" .$name. "\n";
$name = "杰克";
$age = 18;
echo "name2:" .$name. "\n";
echo "age2:" .$age. "\n";
?>
```

运行结果如下。

```
name1:李明博
age1:
name1:李明博
name2:杰克
age2:18
name2:杰克
age2:18
```

从上面的结果可以看出，在包含文件中定义的变量$name 在被包含文件中一样有效，同时在被包含文件中对变量$name 进行再次赋值，在包含文件中也可直接进行引用，说明被包含文件中定义的变量、函数等具有全局作用域。

对于被包含的文件，还可以使用 return 语句来终止它的执行，并返回调用文件，也可使用 return 语句返回一个值。

注意 ------------------------------
在被包含文件中使用 return 语句来返回值，被包含文件只能是在本地文件
中使用。

下面在被包含文件中采用 return 语句返回值，代码如下。

```php
<?php
$name = "李明博" ;
echo include("inctest2.php");
?>
```

其中被包含的文件 inctest2.php，代码如下。

```php
<?php
return $name ."是韩国前总统";
?>
```

输出结果如下。

```
李明博是韩国前总统
```

在上面的程序中，被包含文件中采用 return 语句来返回值，如同直接将被包含文
件中的语句写在包含文件中一样。

2. include_once 语句

include_once 语句在脚本执行期间包含并运行指定文件。它与 include 语句非常类似，
唯一区别在于，如果该文件中的代码已被包含了，则不会被再次包含。而 include 语句就
会再次包含，这就很容易出现变量重新赋值、函数重复定义等问题。为避免出现类似的
问题，推荐使用 include_once 语句。

include_once 语句的返回值也与 include 语句一样。如果文件已被包含，则函数返回 true。
下面的示例先看看用 include 语句会出现什么问题。

```php
<?php
$name = "李明博";
echo include('include3.php');
Include('include4.php');
?>
```

其中，include3.php 被包含文件代码如下。

```php
<?php
function   show($var){
    return $var;
}
```

```
return show($name);
?>
```

include4.php 被包含文件代码如下。

```
<?php
include('include3.php');
echo show($name);
?>
```

上面的程序在运行时会报致命错误，如果将 include 语句改为 include_once 语句就不会了。因为使用 include_once 语句，被包含过的文件就不会再被包含。

5.7.2　使用 require 和 require_once 包含文件

require 语句包含并执行被包含的文件，它的用法和功能与 include 语句一样。require_once 语句与 require 语句一样，唯一的区别就在于如果文件中的代码已被包含，则不会被再次包含进去。require 与 include 语句的区别在于以下两点。

1. 包含机制

require 语句在包含文件时，不管该包含语句是否被执行，被包含文件都将被包含进去；而对于使用 include 语句包含文件时，如果该包含语句没有被执行，那被包含文件不会被包含进去。

下面的代码采用了 require 语句来包含文件。

```
<?php
$a = 10;
if($a < 0){          //如果变量$a 小于 0，则包含文件 inctest3.php
    require('inctest3.php');
}
?>
```

上面的代码没有任何输出，但由于 require 语句的包含机制，不管 if 条件表达式为 true 还是 false，被包含文件 inctest3.php 都将被包含进来。

下面的代码采用了 include 语句来包含文件。

```
<?php
$a = 10;
if($a < 0){          //如果变量$a 小于 0，则包含文件 inctest3.php
    include('inctest3.php');
}
?>
```

上面的代码中，只有当变量$a 小于 0 时，才会将文件 inctest3.php 包含进去。

2. 错误处理

在包含文件时，如果找不到被包含的文件，require 语句会抛出一个致命错误，并停止脚本执行；而 include 语句则只会抛出一个警告信息，并继续执行其后的脚本。

下面用 require 语句包含一个不存在的文件，代码如下。

```php
<?php
$a = 10;
if($a> 0){          //如果变量$a 小于 0，则包含文件 inctest3.php
    require('inctest3.php');
}
echo "a";
?>
```

运行结果如图 5-6 所示。

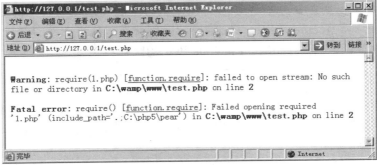

图 5-6

下面用 include 语句包含一个不存在的文件。代码如下所示。

```php
<?php
include('inctest3.php');
echo "a";
?>
```

运行结果如图 5-7 所示。

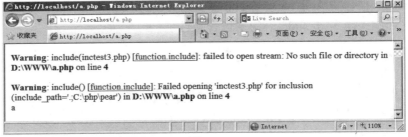

图 5-7

【单元小结】

- PHP 简介
- PHP 开发环境及配置
- PHP 常用的编辑器
- PHP 的基本语法以及控制流程
- PHP 的函数格式

【单元自测】

1. PHP 是一种(　　)脚本语言,基于(　　)引擎。PHP 最常被用来开发动态的(　　)内容，此外，它同样还可用来生成(　　)(以及其他)文档。

A. 动态，PHP，数据库，HTML

B. 嵌入式，Zend，HTML，XML

C. 基于 Perl 的，PHP，Web，静态

D. 嵌入式，Zend，Docbook 文档，MySQL

2. 以下哪种标签不是 PHP 起始/结束符？(　　)

A. <?php　......　?>

B. <php　......>

C. <?php　.........>

D. <php　..........?>

3. 以下代码哪个不符合 PHP 语法？(　　)

A. $_10

B. ${"MyVar"}

C. &$something

D. $10_somethings

4. 运行以下代码将显示什么？(　　)

```php
<?php
define(myvalue, "10");
$myarray[10] = "Dog";
$myarray[] = "Human";
$myarray['myvalue'] = "Cat";
$myarray["Dog"] = "Cat";
print "The value is: ";
print $myarray[myvalue]."\n";
?>
```

A. The Value is: Dog

B. The Value is: Cat

C. The Value is: Human

D. The Value is: 10

5. print()和 echo()有什么区别？（　　）

A. print()能作为表达式的一部分，echo()不能

B. echo()能作为表达式的一部分，print()不能

C. echo()能在 CLI(命令行)版本的 PHP 中使用，print()不能

D. print()能在 CLI(命令行)版本的 PHP 中使用，echo()不能

【上机实战】

上机目标

- PHP 开发环境及配置
- PHP 常用的编辑器
- PHP 的基本语法以及控制流程
- PHP 的函数格式

上机练习

◆ 第一阶段 ◆

练习：在 PHP 页面中采用 switch 语句进行判断。

【问题描述】

在 PHP 页面中，进行多个条件判断时，虽然可以使用 if-else 语句进行处理，但若采用 switch 语句进行判断将显得更有效率。

【问题分析】

(1) 在 PHP 页面中根据变量 url 的值进行判断，选择合适的程序分支执行。

(2) 使用 "Zend Studio for Eclipse" 新建 PHP 项目。

【参考步骤】

(1) 打开 "Zend Studio for Eclipse"，软件界面如图 5-8 所示。

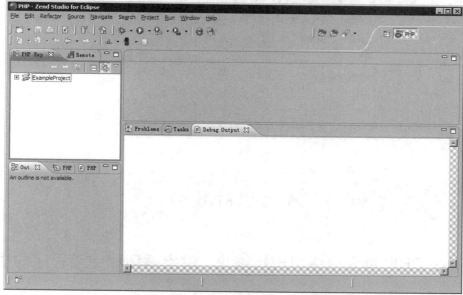

图 5-8

(2) 新建一个 PHP 项目 Test，页面代码如下。

```php
<?php
$url = "www.phpcoding.cn";
switch($url){
    case "www":
        echo "这是网站主机";
        break;

    case "phpcoding":
        echo "这是网站名称主体";
        break;

    case "cn":
        echo "这表示国内域名";
        break;

    default:
        echo "这就是全部的网址：$url";
        break;
}
?>
```

(3) 运行效果如图 5-9 所示。

图 5-9

◆ 第二阶段 ◆

练习：在 PHP 页面中练习进行终止、跳出循环和结束程序的执行。

【问题描述】

在 PHP 页面中使用 break、continue、exit 来进行程序的终止、跳出循环和结束程序的执行。

【参考代码】

```php
<?php
//break 语句终止循环：
$num = 1;
while($num < 5){
    echo "While Break: " . $num . "<br />";
    break;
}

//continue 语句直接跳到下一次循环：
$num = 1;
while($num<5){
    $num++;
    continue;
    echo "While Continue: " . $num ."<br>"; //因为上面已经直接转到下一次循环了，所以不会有任何输出
}

//exit 语句停止脚本执行：
$num = 1;
if($num ==1){
```

```
        echo "Exit out:变量 num 的值:$num";
        exit;
        echo "这条语句不会输出";
    }
    ?>
```

运行结果如图 5-10 所示。

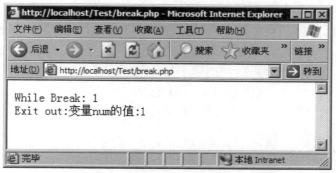

图 5-10

【拓展作业】

1. 写一段代码实现如下功能：判断给定变量是否大于 5，并在其大于 5 时输出相应的结果。

2. 写一段程序，使用 while 循环输出 1～20 之间的数。

3. PHP 代表什么意思？(　　) (选择一项)

　　A. Hypertext Preprocessor(超文本预处理器)

　　B. Hyperlink Preprocessor(超链接预处理器)

　　C. Personal Homepage (个人主页空间)

　　D. Page Hyperlink Page(超级链接页面)

4. 以下 PHP 标记哪个是错误的？(　　) (选择一项)

　　A. <? ?>

　　B. <?PHP?>

　　C. <% %>

　　D .<SCRIPT language="php">...</script>

5. 下边哪个变量是非法的？(　　) (选择一项)

　　A. $_10

　　B. ${"MyVar"}

　　C. &$something

　　D. $aVaR

6. 选择下面程序运行的结果(   )。(选择一项)

```
<?php $a=1;$a=++;$c=&$a;$b=$c++;echo "\$a=$a <br>   \$b=$b   <br>   \$c=$c";?>
```

A. $a=3 $b=2 $c=3

B. $a=3 $b=2 $c=2

C. a=2 $b=2 $c=3

D. $a=2

7. PHP中的标量数据类型有如下几种,布尔型(boolean)、整型(integer)、浮点型(float)、字符串型(string),其中布尔型(boolean)的返回值是(   )。(选择两项)

A. 0   B. 1

C. true   D. False

单元 六

PHP 数组和字符串

 课程目标

► 掌握 PHP 数组
► 掌握字符串的常用操作

 **简 介**

PHP 提供了数组数据类型，还提供了与数组操作有关的大量行为和函数。PHP 的数组实际上就是一组变量的集合，每个变量都叫作数组的一个元素。对每一个元素的引用都有一个索引值来唯一确定，这个索引值就是数组的键，而这个变量就是键所对应的值。它可以是一维的，也可以是多维的。多维数组可以理解为以数组为元素的数组。例如，二维数组就可以理解为其每一个元素都是一个一维数组。

6.1 一维数组和多维数组

1. 一维数组

一维数组就是由具有相同数据类型的数据组成的一个表。它由一组键与值对应的数据组成，如表 6-1 所示。

表 6-1

键	0	1	2	3	......
值	120	125	800	500	......

2. 多维数组

多维数组就是以数组为元素的一种特殊数组。最简单的多维数组就是二维数组。实际上，二维数组就是以一维数组为数组元素的一种数组。例如，一个 3*4 的二维数组可以看作由 3 个数组元素为 4 个的一维数组构成，如表 6-2 所示。

表 6-2

一维数组 数组元素	0	1	2	3
0	120	125	800	500
1	55	42	77	89
2	42	42	77	95

从表中可以看出，每一行的数组元素为 4 个的 1 个一维数组，而这具有 4 个元素的 3 个一维数组又组成了一个新的数组——二维数组。

与一维数组和二维数组类似，N 维数组可以看成是多个 N-1 维数组组成的一个数组。

6.2 数组的常用操作

数组的常用操作包括数组的创建与调用、数组元素的更新与遍历等，下面将对这些操作一一说明。

6.2.1 数组的显示创建和非显示创建

1. 显示创建

显示创建是指直接应用数组函数的方式来创建数组，语法格式如下。

```
Array([mixed])
```

其中，Array 是 PHP 创建数组的关键字；[]表示参数是可选的；参数 mixed 接受一定数量用逗号分隔的 key=>value 参数对。其中 key 可以是 integer 或 string 类型，value 可以是任何值。如果省略了索引，会自动产生从 0 开始的整数索引。如果索引是整数，则下个索引是当前最大索引值加 1。

下面创建一个具有 3 个元素的一维数组，代码如下。

```php
<?php
//创建一个名为 myarr 的一维数组
$myarr = array(0=>"张三丰",1=>15,2=>"武汉");
echo "姓名："  .$myarr[0]."\n";      //输出"姓名：张三丰"
echo "年龄："  .$myarr[1]."\n";      //输出"年龄：15"
echo "地址："  .$myarr[2]."\n";      //输出"地址：武汉"
?>
```

这里采用直接构造数组值对的方式创建数组。这里的 0、1、2 就是数组的键，张三丰、15、武汉就是数组的键所对应的值。

2. 非显示创建

非显示创建数组是指通过数组名加方括号的方式来创建数组，其语法格式如下。

```
array[index]
```

其中，index 为指定的键名。也可省略键名，此时只需要在数组名后面加上一对空的方括号[]即可，如果数组名不存在，则将新建一个数组。如果给出方括号但没有指定键名，则取当前最大整数索引值，新的键名将是该索引值加 1。如果当前没有整数索引，则键名将为 0。如果指定的键名已经有值了，该值将被覆盖。

下面的代码将演示非显示方式创建一个一维数组。

```php
<?php
$myarr = array(0=>"张三丰",1=>15,2=>"武汉");
```

```
echo "姓名： ".$myarr[0]."\n";
echo "年龄： ".$myarr[1]."\n";
echo "地址： ".$myarr[2]."\n";
$myarr[3] = "2011 年 12 月 15 日";    //采用非显示方式向数组 myarr 中添加元素
print_r($myarr);                      //显示整个数组
$myarr[] = "该生成绩优秀";            //非显示方式向数组添加元素，这里将自动产生索引值
print_r($myarr);                      //输出整个数组
@arr2[] = "中国人民";                 //向数组中添加元素，这里将自动创建一个新数组
print_r(@arr2)                        //输出整个数组
?>
```

上面的代码第 8 行，采用数组名加方括号的方式添加元素，由于省略了索引值，自动取当前最大索引值 3 加 1 作为当前索引值。第 10 行，数组 arr2 并不存在，自动创建数组 arr2，并以整数索引值 0 作为当前索引值。

6.2.2 数组的调用与删除

1. 数组的调用

数组调用语法与 Java 和 C#一样，语法如下。

```
array[index]
//其中 array 是数组名，index 是索引值
```

在前面的示例中，采用通过列举数组每一个元素的方式来输出整个数组。这种方式在数组元素较少时可以使用，但是如果数组中的元素过多，这样就过于麻烦，且增加了工作量。通常在程序中采用 foreach 来遍历输出整个数组，关于 foreach 的用法，后面会做详细介绍。

对于在开发时进行的调试，更多采用 print_r 和 var_dump 方式来直接输出整个数组。下面是采用 print_r 和 var_dump 方式来输出数组的示例，代码如下。

```
<?php
//下面创建一个名为 myarr 的二维数组
$myarr = array(0 => array(0=>"张三丰",1=>75,2=>"武汉"), 1=> array(0 => "张翠山",1 =>
    15,2=>"北京"));
print_r($myarr);                      //采用 print_r 方式输出
var_dump($myarr);                     //采用 var_dump 方式输出
?>
```

上面的代码创建了一个 2×3 的二维数组，并采用两种数组输出方式进行输出。这两种方式均可以输出数组的结构和内容，但结果却不大容易理解，所以通常只在程序调试过程中采用这种方法。在实际应用中，常常采用其他方法进行数组内容的输出，本单元会在后面进行讲解。

2. 数组的删除

数组的删除是指将整个数组或者数组的某个元素从内存空间中释放。PHP 提供了 unset 函数来删除数组。其语法格式如下：

```
void unset(mixed var[,mixed var[,......]])
```

其中，void 表示没有返回值。如果试图获取返回值将导致 PHP 解析错误；mixed var 表示数组或者数组元素。

下面示例采用 unset 删除数组元素和整个元素，代码如下。

```php
<?php
$myarr = array(0=>"张三丰",1=>75);
echo "第一个元素：" . $myarr[0];
echo "第二个元素：" . $myarr[1];
unset($myarr[0]);                    //删除下标为 0 的元素
echo "第一个元素：" . $myarr[0];
echo "第二个元素：" . $myarr[1];
unset($myarr);                       //删除整个数组
//print_r($myarr);
?>
```

上面代码第 5 行删除了第一个数组元素，第 8 行删除了整个数组。如果将第 9 行的注释取消，将产生一个 PHP 解析错误，因为此时数组 myarr 已经被删除了。

6.2.3　数组的遍历

PHP 提供了一种遍历数组的简便方法——foreach 函数。foreach 函数仅能用于数组，当试图将其用于其他数据类型或者一个未初始化的变量时会产生错误。它有两种语法格式。

```
foreach(array_expression    as  $value)
        Statement
```

```
foreach(array_expression    as $key => $value)
        statement
```

其中，第一种格式遍历给定的 array_expression 数组。在每次循环中，当前单元的值被赋给$value，并且数组内部的指针向前移一位，因此下一次循环将会得到下一个单元。第二种格式与第一种格式功能一样，只不过在遍历数组时将当前单元的键名赋给变量$key。

自 PHP5 起，foreach 还可以遍历对象，这一点将在面向对象的章节提到。

下面的示例采用了两种方式对一个一维数组进行遍历输出，代码如下。

```php
<?php
$exampleArray = array("武汉", "天津", "上海", "北京", "南京",);    //创建数组
```

```php
foreach($exampleArray as $arrValue) {          //采用第一种方式遍历数组
 echo   "地址: $arrValue    ";   //显示元素值
}
echo "<br>";
foreach($exampleArray as $key => $value){     //采用第二种方式遍历数组
                                              //显示键值和元素值
echo "地址"   .($key+1) . ": ". $value . "   ";
}
?>
```

运行结果如图 6-1 所示。

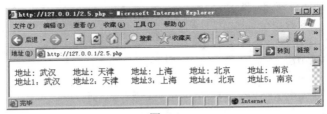

图 6-1

第二种方式可以在遍历数组的同时，读取当前数组单元的键名，所以大家在实际
应用时，如果需要键名，则使用第二种方式，否则采用第一种方式更简捷。

下面示例采用嵌套 foreach 遍历一个 3*4 的二维数组，代码如下所示。

```php
<?php
$exampleArray = array("item1"=>array("a","b","c","d"),
2=>array("A","B","C","D"),
array("one","two","three","four"));
foreach($exampleArray as $key => $arr){
 echo "$key:   ";
 foreach($arr as $value){
      echo "$value   ";
 }
echo "<br>";
}
```

运行效果如图 6-2 所示。

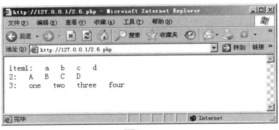

图 6-2

6.3　数组的查找

6.3.1　顺序查找

顺序查找是指通过逐一比较数组元素的方式来查找给定的元素。

下面的示例采用遍历数组的顺序查找方式进行查找，代码如下。

```php
<?php
$exampleArray = array("one", "two","three");        //创建数组
function lookup($array, $key){                      //自定义顺序查找函数
 $cnt = count($array);                              //count 函数用于返回数组中元素的个数
 $find = false;
 for($i=0; $i<$cnt;$i++ ) {                         //遍历数组
        if($array[$i] == $key){                     //如果找到，退出
                $find = true;
                break;
        }
 }
 if ($find) {
                return "在索引" .$i. "处找到了!";
        }
     else{
                return "未找到!";
        }
}
$result = lookup($exampleArray, "two");
echo $result;
?>
```

程序运行结果如图 6-3 所示。

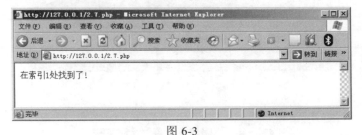

图 6-3

上述程序自定义顺序查找算法的函数，如果找到，返回该值的索引值；如果没有找到，返回"未找到"。

6.3.2 array_search 查找

PHP 提供了 array_search 函数进行查找，其语法格式如下。

```
mixed array_search(mixed needle,array haystack [ , bool strict])
```

其中，needle 为要查找的值；mixed 为 needle 的类型；haystack 为要进行查找的数组；array 为 haystack 的类型，即数组类型；strict 为查找类型，值为 bool 类型，为 true 时，在 haystack 中查找时还将检查 needle 的类型。函数 array_search 如果查找成功，则返回该值所在的键名，否则返回 false。如果 needle 在 haystack 中出现多次，则返回第一个匹配的键名。

下面是有关 array_search 函数的应用，代码如下。

```php
<?php
$exampleArray = array(15,"a",30,60,"b","C");              //创建数组
echo "15:\t" . array_search(15,$exampleArray) .";";       //使用 array_search 函数进行搜索
echo "a:\t" . array_search("a",$exampleArray) . ";";
echo "30:\t" . array_search("30",$exampleArray,true) . ";";   //此处严格比较类型，结果为空，
                                                              表示查找失败
echo "60:\t" . array_search(60,$exampleArray,false) . ";";
echo "30:\t" . array_search(30,$exampleArray,true) . ";";     //此处也严格比较类型
echo "b:\t" . array_search("b",$exampleArray,true) . ";";
echo "b:\t" . array_search("b",$exampleArray,false) . ";";
echo "c:\t" . array_search("c",$exampleArray) . ";";          //此处结果为空，在查找时会比
                                                              较大小写
echo "C:\t" . array_search("C",$exampleArray,true) . ";";
echo "C:\t" . array_search("C",$exampleArray,false) . ";";
?>
```

程序运行结果如图 6-4 所示。

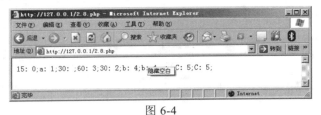

图 6-4

6.4 数组的排序

在实际应用中，经常会遇到将一组数据进行排序的情况。PHP 对于数组的排序提供了多种函数。

6.4.1　递增排序

递增排序是指将数组元素按升序进行重新排列。PHP 提供了 sort 函数对数组进行递增排序。其语法如下。

```
bool    sort (array &array [,int sort_flags])
```

其中，函数排序成功返回布尔值 true，失败返回布尔值 false。函数排序结束时数组单元将被从最低到最高重新安排。参数 array 为要排序的数组；参数 sort_flags 为排序类型标记，其值的变化将改变排序行为。Sort_flags 的取值有以下几种。

- SORT_REGULAR：正常比较单元(不改变类型)。
- SORT_NUMERIC：单元被作为数字来比较。
- SORT_STRING：单元被作为字符串来比较。
- SORT_LOCALE_STRING：根据当前的 locale 设置把单元当作字符串比较。

以下示例是对 sort 函数的应用，代码如下。

```php
<?php
$stringArray = array(2=>"red",5=>"blue",4=>"yellow");
sort($stringArray);          //对字符串数组进行递增排序
print_r($stringArray);
echo "<br>";

$numArray = array(15,2,4,59);//对整数数组进行递增排序
sort($numArray);
print_r($numArray);
echo "<br>";
$Array = array(15,2,4,59);//对整型数组按字符串进行排序
sort($Array,SORT_STRING);
print_r($Array);
?>
```

结果如图 6-5 所示。

图 6-5

注意

　　使用 sort 函数在对含有混合类型值的数组排序时要小心，因为可能会产生不可预知的结果。

6.4.2　递减排序

PHP 提供了 rsort 函数对数组进行递减排序，其语法格式如下。

```
bool rsort(array    &array [ , int sort_flags])
```

其中，参数的含义同上面的 sort 函数。

下面采用 rsort 函数重写上面的示例，代码如下。

```php
<?php
$stringArray = array(2=>"red",5=>"blue",4=>"yellow");
rsort($stringArray);           //对字符串数组进行递减排序
print_r($stringArray);
echo "<br>";

$numArray = array(15,2,4,59);//对整数数组进行递减排序
rsort($numArray);
print_r($numArray);
echo "<br>";

$Array = array(15,2,4,59);//对整型数组按字符串进行排序
rsort($Array,SORT_STRING);
print_r($Array);
?>
```

运行结果如图 6-6 所示。

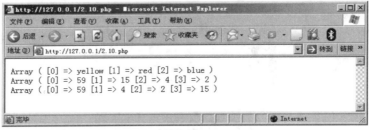

图 6-6

6.5　字符的显示与格式化

在 PHP 的原始数据类型中，有一种字符串类型。字符串也就是由一个个的字符组合而成的。PHP 的字符包括以下 4 种。

- 数字：如 1、2、3 等。
- 字母：如 a、b、c 等。
- 特殊字符：如@、#、$等。

● 格式字符：如\n、\r、\t 等。

字符的显示在实际应用中经常用到，特别是在项目开发期间，会直接输出变量的中间结果进行调试。下面将对字符的显示和格式化输出进行系统介绍。

6.5.1　字符的显示

在 PHP 中，字符的显示主要有两种方式，一是采用 print，一是采用 echo。

1. print 函数

print()函数输出一个或多个字符串。

语法代码如下。

```
print (strings)
```

其中，各参数说明如表 6-3 所示。

表 6-3

参　　数	描　　述
strings	必需。发送到输出的一个或多个字符串

 提示

> print()函数实际上不是函数，所以用户不必对它使用括号。print()函数稍慢于 echo()。

下面的示例说明 print 的用法，代码如下。

```php
<?php
$str = "Who's John Adams?";
print $str;
print "<br />";
print $str."<br />I don't know!";
?>
```

运行结果如图 6-7 所示。

图 6-7

再看一个示例，代码如下。

```php
<?php
$color = "red";
print "Roses are $color";      //这里变量名使用双引号，将输出变量$color 的值
print "<br />";
print 'Roses are $color';      //这里使用单引号，不会输出变量的值，而是输出变量的名字
?>
```

运行结果如图 6-8 所示。

图 6-8

2. echo 函数

echo()函数输出一个或多个字符串。

语法代码如下。

```
echo(strings)
```

其中，各参数说明如表 6-4 所示。

表 6-4

参　　数	描　　述
strings	必需。一个或多个要发送到输出的字符串

 提示

　　echo()实际上不是一个函数，因此用户无须对其使用括号。不过，如果希望向 echo()传递一个或多个参数，那么使用括号会发生解析错误。echo()函数比 print() 函数快一点。

下面示例说明 echo 函数的用法，代码如下。

```php
<?php
$str = "Who's John Adams? ";
echo $str;
echo "<br />";
echo $str. "<br />I don't know! ";
?>
```

运行效果如图 6-9 所示。

图 6-9

下面再看一个示例，代码如下。

```php
<?php
Echo'This','string','was','made','with multiple parameters';
?>
```

运行结果如图 6-10 所示。

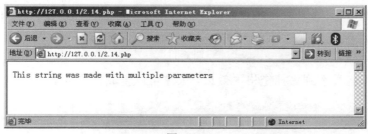

图 6-10

6.5.2　字符的格式化

1. 去除首尾空格或指定字符

在应用中，字符串常常会包含有空格，在输出时常常会将其空格去掉，通常采用的方式是使用 trim 函数。

● Trim()函数从字符串的两端删除空白字符和其他预定义字符。

语法如下。

```
trim(string,charlist)
```

其中，参数说明如表 6-5 所示。

表 6-5

参　数	描　述
string	必需。规定要检查的字符串
Charlist	可选。规定要转换的字符串。如果省略该参数，则删除以下所有字符:

(续表)

参　数	描　述
Charlist	"\0"—NULL "\t"—tab "\n"—new line "\x0B"—纵向列表符 "\r"—回车 " "—普通空白字符

运行效果如图 6-11 所示。

图 6-11

从 IE 中可能看不到去掉空格的效果，大家可以查看源文件看看它的 HTML 效果。

```
<html>
<body>
Without trim:       Hello World!       <br />With trim: Hello World!<body>
<html>
```

2. 大小写转换

在应用中，经常会出现大小写不统一的情况，通常采用 strtolower 函数和 strtoupper 函数分别将其全部转换为小写或大写。语法格式如下：

```
String strtolower(string $str)//转换为小写
String strtoupper(string $str)//转换为大写
```

其中，参数$str 为要转换的字符串。

下面的示例演示了这两个函数的使用，代码如下。

```
<?php
$str = "HELLO world";
$lowerStr = strtolower($str);      //将字符串转换为小写
$upperStr = strtoupper($str);      //将字符串转换为大写
var_dump($lowerStr);   //var_dump 函数显示关于一个或多个表达式的结构信息，包括表达式的
                              类型与值
echo "<br>";
```

```
var_dump($upperStr);
?>
```

运行效果如图 6-12 所示。

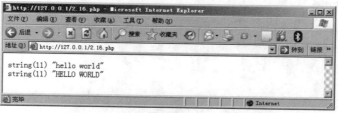

图 6-12

3. 使用 printf 格式化输出

在 PHP 中使用 printf 函数进行格式化操作，其语法格式如下：

```
printf(format,arg1,arg2,arg++)
```

其中，参数的含义如表 6-6 所示。

表 6-6

参　　数	描　　述
format	必需。规定字符串以及如何格式化其中的变量
Arg1	必需。规定插到格式化字符串中第一个%符号处的参数
Arg2	可选。规定插到格式化字符串中第二个%符号处的参数
Arg++	可选。规定插到格式化字符串中第三、四等%符号处的参数

 说明

　　arg1、arg2、Arg++等参数将插入到主字符串中的百分号(%)符号处。该函数是逐步执行的。在第一个%符号中，插入 arg1，在第二个%符号处，插入 arg2，以此类推。

　　输出格式一般采用符号"%"加特定格式化字符的形式。该函数返回一个按输出格式进行格式化后的字符串。格式化字符串主要包括以下几种。

- %：将直接输出百分号，不需要额外参数。
- b：参数 args 将被识别为整型数，并且以二进制数的形式进行输出。
- c：参数 args 将被识别为整型数，并且以 ASCII 码的形式进行输出。
- d：参数 args 将被识别为整型数，并且以有符号数的形式进行输出。
- e：参数 args 将被识别为科学记数法，并且以科学记数法的形式进行输出。
- u：参数 args 将被识别为整型数，并且以无符号数的形式进行输出。
- f：参数 args 将被识别为浮点数，并且以浮点数的形式进行输出。

- o：参数 args 将被识别为浮点数，并且以八进制的形式进行输出。
- s：参数 args 将被识别为字符串，并且以字符串的形式进行输出。
- x：参数 args 将被识别为浮点数，并且以十六进制的形式进行输出，其中字母以小写形式输出。
- X：参数 args 将被识别为浮点数，并且以十六进制的形式进行输出，其中字母以大写形式输出。

先看下面的示例，代码如下。

```php
<?php
$str = "Hello";
$number = 123;
printf("%s world. Day number %u",$str,$number);   //这里用到了%s 和%u 表示分别以字符串和
整型值输出
?>
```

运行效果如图 6-13 所示。

图 6-13

如果%符号多于 arg 参数，则用户必须使用占位符。占位符被插入%符号之后，由数字和"\$"组成。请参见下面的示例，代码如下。

```php
<?php
$number = 123;
//这里%多于 arg 参数，所以占位符被插入%符号之后，由数字和"\$"组成
printf("With 2 decimals: %1\$.2f<br />With no decimals: %1\$u",$number);
?>
```

运行效果如图 6-14 所示。

图 6-14

6.6　字符串的常用操作

　　String 函数是 PHP 核心的组成部分。无须安装即可使用这些函数，表 6-7 列出了
string 函数。

表 6-7

函　　数	描　　述	支持该函数的最早的 PHP 版本
addcslashes()	在指定的字符前添加反斜杠	4
addslashes()	在指定的预定义字符前添加反斜杠	3
bin2hex()	把 ASCII 字符的字符串转换为十六进制值	3
chop()	rtrim()的别名	3
chr()	从指定的 ASCII 值返回字符	3
chunk_split()	把字符串分割为一连串更小的部分	3
convert_cyr_string()	把字符由一种 Cyrillic 字符转换成另一种	3
convert_uudecode()	对 uuencode 编码的字符串进行解码	5
convert_uuencode()	使用 uuencode 算法对字符串进行编码	5
count_chars()	返回字符串所用字符的信息	4
crc32()	计算一个字符串的 32-bit CRC	4
crypt()	单向的字符串加密法(hashing)	3
echo()	输出字符串	3
explode()	把字符串打散为数组	3
fprintf()	把格式化的字符串写到指定的输出流	5
get_html_translation_table()	返回翻译表	4
hebrev()	把希伯来文本从右至左的流转换为从左至右的流	3
hebrevc()	同上，同时把(\n)转为 	3
html_entity_decode()	把 HTML 实体转换为字符	4
htmlentities()	把字符转换为 HTML 实体	3
htmlspecialchars_decode()	把一些预定义的 HTML 实体转换为字符	5
htmlspecialchars()	把一些预定义的字符转换为 HTML 实体	3
implode()	把数组元素组合为一个字符串	3
join()	implode()的别名	3
levenshtein()	返回两个字符串之间的 Levenshtein 距离	3
localeconv()	返回包含本地数字及货币信息格式的数组	4

(续表)

函　数	描　述	支持该函数的最早的 PHP 版本
ltrim()	从字符串左侧删除空格或其他预定义字符	3
md5()	计算字符串的 MD5 散列	3
md5_file()	计算文件的 MD5 散列	4
metaphone()	计算字符串的 metaphone 键	4
money_format()	把字符串格式化为货币字符串	4
nl_langinfo()	返回指定的本地信息	4
nl2br()	在字符串中的每个新行之前插入 HTML 换行符	3
number_format()	通过千位分组来格式化数字	3
ord()	返回字符串第一个字符的 ASCII 值	3
parse_str()	把查询字符串解析到变量中	3
print()	输出一个或多个字符串	3
printf()	输出格式化的字符串	3
quoted_printable_decode()	解码 quoted-printable 字符串	3
quotemeta()	在字符串中某些预定义的字符前添加反斜杠	3
rtrim()	从字符串的末端开始删除空白字符或其他预定义字符	3
setlocale()	设置地区信息(地域信息)	3
sha1()	计算字符串的 SHA-1 散列	4
sha1_file()	计算文件的 SHA-1 散列	4
similar_text()	计算两个字符串的匹配字符的数目	3
soundex()	计算字符串的 soundex 键	3
sprintf()	把格式化的字符串写入一个变量中	3
sscanf()	根据指定的格式解析来自一个字符串的输入	4
str_ireplace()	替换字符串中的一些字符(对大小写不敏感)	5
str_pad()	把字符串填充为新的长度	4
str_repeat()	字符串重复指定的次数	4
str_replace()	替换字符串中的一些字符(对大小写敏感)	3
str_rot13()	对字符串执行 ROT13 编码	4
str_shuffle()	随机地打乱字符串中的所有字符	4
str_split()	把字符串分割到数组中	5
str_word_count()	计算字符串中的单词数	4
strcasecmp()	比较两个字符串(对大小写不敏感)	3
strchr()	搜索字符串在另一字符串中的第一次出现 Strstr()的别名	3

(续表)

函　数	描　述	支持该函数的最早的 PHP 版本
strcmp()	比较两个字符串(对大小写敏感)	3
strcoll()	比较两个字符串(根据本地设置)	4
strcspn()	返回在找到任何指定的字符之前，在字符串查找的字符数	3
strip_tags()	剥去 HTML、XML 以及 PHP 的标签	3
stripcslashes()	删除由 addcslashes()函数添加的反斜杠	4
stripslashes()	删除由 addslashes()函数添加的反斜杠	3
stripos()	返回字符串在另一字符串中第一次出现的位置(大小写不敏感)	5
stristr()	查找字符串在另一字符串中第一次出现的位置(大小写不敏感)	3
strlen()	返回字符串的长度	3
strnatcasecmp()	使用一种"自然"算法来比较两个字符串(对大小写不敏感)	4
strnatcmp()	使用一种"自然"算法来比较两个字符串(对大小写敏感)	4
strncasecmp()	前 n 个字符的字符串比较(对大小写不敏感)	4
strncmp()	前 n 个字符的字符串比较(对大小写敏感)	4
strpbrk()	在字符串中搜索指定字符中的任意一个	5
strpos()	返回字符串在另一字符串中首次出现的位置(对大小写敏感)	3
strrchr()	查找字符串在另一个字符串中最后一次出现的位置	3
strrev()	反转字符串	3
strripos()	查找字符串在另一字符串中最后出现的位置(对大小写不敏感)	5
strrpos()	查找字符串在另一字符串中最后出现的位置(对大小写敏感)	3
strspn()	返回在字符串中包含的特定字符的数目	3
strstr()	搜索字符串在另一字符串中的首次出现(对大小写敏感)	3
strtok()	把字符串分割为更小的字符串	3
strtolower()	把字符串转换为小写	3
strtoupper()	把字符串转换为大写	3
strtr()	转换字符串中特定的字符	3

函　　数	描　　述	支持该函数的最早的 PHP 版本
substr()	返回字符串的一部分	3
substr_compare()	从指定的开始长度比较两个字符串	5
substr_count()	计算子串在字符串中出现的次数	4
substr_replace()	把字符串的一部分替换为另一个字符串	4
trim()	从字符串的两端删除空白字符和其他预定义字符	3
ucfirst()	把字符串中的首字符转换为大写	3
ucwords()	把字符串中每个单词的首字符转换为大写	3
vfprintf()	把格式化的字符串写到指定的输出流	5
vprintf()	输出格式化的字符串	4
vsprintf()	把格式化字符串写入变量中	4
wordwrap()	按照指定长度对字符串进行折行处理	4

下面列举出最常用的几个 string 函数。

6.6.1　字符串加密：md5()函数

md5()函数的定义和用法如下。

- md5()函数计算字符串的 MD5 散列。
- md5()函数使用 RSA 数据安全，包括 MD5 报文摘译算法。

如果成功，则返回所计算的 MD5 散列，如果失败，则返回 false。代码如下。

```
md5(string,raw)
```

其中，各参数的说明如表 6-8 所示。

表 6-8

参　　数	描　　述
string	必需。规定要计算的字符串
raw	可选。规定十六进制或二进制输出格式： ・　TRUE -原始。16 字符二进制格式 ・　FALSE -默认。32 字符十六进制数 注释：该参数是 PHP 5.0 中添加的

示例代码如下。

```php
<?php
$str = "Hello";
```

```
echo md5($str);
?>
```

运行结果如图 6-15 所示。

图 6-15

6.6.2 字符串重复操作：str_repeat()函数

str_repeat()函数的定义和用法如下。

● str_repeat()函数把字符串重复指定的次数。

语法如下。

```
str_repeat(string,repeat)
```

其中，各参数的说明如表 6-9 所示。

表 6-9

参　　数	描　　述
string	必需。规定要重复的字符串
repeat	必需。规定字符串将被重复的次数。必须大于等于 0

示例代码如下。

```
<?php   echo str_repeat("武汉",3)?>
```

运行结果如图 6-16 所示。

图 6-16

6.6.3 字符串查找操作：strstr()函数

strstr()函数的定义和用法如下。

● strstr()函数搜索一个字符串在另一个字符串中的第一次出现。

该函数返回字符串的其余部分(从匹配点)。如果未找到所搜索的字符串，则返回false。

语法如下。

```
strstr(string,search)
```

其中，各参数说明如表 6-10 所示。

表 6-10

参　　数	描　　述
string	必需。规定被搜索的字符串
search	必需。规定所搜索的字符串。如果该参数是数字，则搜索匹配数字 ASCII 值的字符

提示

该函数是二进制安全的。该函数对大小写敏感。如需进行大小写不敏感的搜索，请使用 stristr()。

示例代码如下。

```php
<?php
echo strstr("Hello 中国!","中国");
?>
```

运行效果如图 6-17 所示。

图 6-17

6.6.4 字符串替换操作：str_replace()函数

str_replace()函数使用一个字符串替换字符串中的另一些字符。

语法代码如下。

```
str_replace(find,replace,string,count)
```

其中，各参数说明如表 6-11 所示。

表 6-11

参　　数	描　　述
find	必需。规定要查找的值
replace	必需。规定替换 find 中的值
string	必需。规定被搜索的字符串
count	可选。一个变量，对替换数进行计数

 提示

该函数对大小写敏感。请使用 str_ireplace()执行对大小写不敏感的搜索。该函数是二进制安全的。

示例代码如下。

```php
<?php
echo str_replace("world","John","Hello world!");
?>
```

运行结果如图 6-18 所示。

图 6-18

在本例中，我们将演示带有数组和 count 变量的 str_replace()函数。

```php
<?php
$arr = array("blue","red","green","yellow");
print_r(str_replace("red","pink",$arr,$i));
echo "<br>";
echo "Replacements: $i";
?>
```

结果如图 6-19 所示。

图 6-19

6.6.5 字符串分解操作：str_split()函数

str_split()函数的定义和用法如下。

● str_split()函数把字符串分割到数组中。

语法代码如下。

```
str_split(string,length)
```

其中，各参数说明如表 6-12 所示。

表 6-12

参 数	描 述
string	必需。规定要分割的字符串
length	可选。规定每个数组元素的长度。默认是 1

 提示

> 如果 length 值小于 1，str_split()函数将返回 false。如果 length 值大于字符串的长度，整个字符串将作为数组的唯一元素返回。

示例代码如下。

```php
<?php
print_r(str_split("Hello"));
?>
```

输出结果如图 6-20 所示。

图 6-20

示例代码如下。

```php
<?php
print_r(str_split("Hello",3));
?>
```

运行效果如图 6-21 所示。

图 6-21

6.6.6　字符串分解成单词：str_word_count()函数

str_word_count()函数的定义和用法如下。

● str_word_count()函数计算字符串中的单词数。

语法代码如下。

```
str_word_count(string,return,char)
```

其中，参数说明如表 6-13 所示。

表 6-13

参　数	描　述
string	必需。规定要检查的字符串
return	可选。规定 str_word_count()函数的返回值 可能的值如下： · 0 - 默认。返回找到的单词的数目 · 1 - 返回包含字符串中的单词的数组 · 2 - 返回一个数组，其中的键是单词在字符串中的位置，值是实际的单词
char	可选。规定被认定为单词的特殊字符。该参数是 PHP 5.1 中新加的

示例 1 代码如下。

```php
<?php
echo str_word_count("Hello world!");
?>
```

运行结果如图 6-22 所示。

图 6-22

示例 2 代码如下。

```php
<?php
//请看下面参数 1 和 2 的区别
print_r(str_word_count("Hello world!",1));
echo "<br>";
print_r(str_word_count("Hello world!",2));
?>
```

结果如图 6-23 所示。

图 6-23

6.6.7 字符串长度：strlen()函数

strlen()函数的定义和用法如下。

● strlen()函数返回字符串的长度。

示例代码如下。

```php
<?php
echo strlen("Hello world!");          //输出结果为 12
?>
```

6.6.8 获取子字符串：substr()函数

substr()函数的定义和用法如下。

● substr()函数返回字符串的一部分。

语法如下。

> substr(string,start,length)

其中，各参数说明如表 6-14 所示。

表 6-14

参　数	描　述
string	必需。规定要返回其中一部分的字符串
start	必需。规定在字符串的何处开始 • 正数 - 在字符串的指定位置开始 • 负数 - 在从字符串结尾的指定位置开始 • 0 - 在字符串中的第一个字符处开始
length	可选。规定要返回的字符串长度。默认是直到字符串的结尾 • 正数 - 从 start 参数所在的位置返回 • 负数 - 从字符串末端返回

 提示

如果 start 是负数且 length 小于等于 start，则 length 为 0。

示例代码如下。

```php
<?php
echo substr("my name is wangming",3,4);
?>
```

输出结果如图 6-24 所示。

图 6-24

【单元小结】

- PHP 数组
- 字符串的常用操作

【单元自测】

1. 索引数组的键是(　　)，关联数组的键是(　　)。
   A. 浮点，字符串
   B. 正数，负数
   C. 字符串，布尔值
   D. 整型，字符串

2. 考虑如下数组，怎样才能从数组$multi_array 中找出值 cat? (　　)

```php
<?php
$multi_array=array("red","green",42=>"blue","yellow"=>array("apple",9=>"pear","banana",
        "orange" => array("dog","cat","iguana")));
?>
```

   A. $multi_array['yellow']['apple'][0]
   B. $multi_array['blue'][0]['orange'][1]
   C. $multi_array['yellow']['orange']['cat']
   D. $multi_array['yellow']['orange'][1]

3. 运行以下脚本后，数组$array 的内容是什么? (　　)

```php
<?php
$array = array ('1', '1');
foreach ($array as $k => $v) {
$v = 2;
}
?>
```

   A. array ('2', '2')
   B. array ('1', '1')
   C. array (2, 2)
   D. array (Null, Null)

4. 对数组进行升序排序并保留索引关系，应该用哪个函数? (　　)
   A. ksort()
   B. ssort()
   C. krsort()
   D. sort()

5. 以下脚本将按什么顺序输出数组$array 内的元素? (　　)

```php
<?php
$array = array('a1', 'a3', 'a5', 'a10', 'a20');
natsort($array);
var_dump($array);
?>
```

   A. a1, a3, a5, a10, a20
   B. a1, a20, a3, a5, a10
   C. a10, a1, a20, a3, a5
   D. a1, a10, a5, a20, a3

【上机实战】

上机目标

- 掌握 PHP 数组的使用
- 掌握字符串操作

上机练习

◆　第一阶段　◆

练习：采用 PHP 提供的不同的数组排序函数，分别对字母、数字、数组的值、数组的键值以升序排序，采用自定义的排序函数对多维数组进行升序排序，对数组进行随机处理。

【问题分析】

参考代码如下。

```php
<?php
//数组按字母或是数字的升序(从低到高)来进行排序
$name = array("Clalei","Bill","Aala");
sort($name);
for($i=0;$i<3;$i++){
    echo $name[$i];
}

echo "<br />";
$price = array(100,50,10);
sort($price);
for($i=0;$i<3;$i++){
    echo $price[$i]." | ";
}
echo "<br />";
```

```php
//asort()函数以数组的值升序为准
$mix = array("cobol"=>10,"Bill"=>20,"Ada"=>100);
asort($mix);
print_r($mix);
echo "<br />";
//ksort()函数以数组的关键字升序为准
$mix = array("cobol"=>100,"Bill"=>20,"Ada"=>10);
ksort($mix);
echo "<br />";
print_r($mix);

//对多维数组排序
$mix = array(
    array("A",30),
    array("B",25),
    array("C",180)
);
//对其数字进行升序排列
function compare($x,$y){
    if($x[1] == $y[1])
        return 0;
    elseif($x[1] < $y[1])
        return -1;
    else
        return 1;
}
usort($mix,"compare");
echo $mix[0][1]."<br />";
echo $mix[1][1]."<br />";
echo $mix[2][1];

echo "<br />";
//随机
shuffle($mix);
echo "<br />";
print_r( $mix[0] );
?>
```

运行结果如图 6-25 所示。

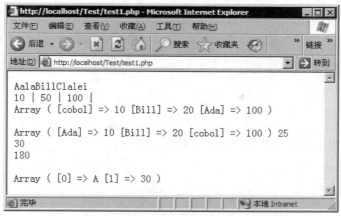

图 6-25

◆ 第二阶段 ◆

练习：使用字符串常见操作对字符串进行替换、分割、截取操作。

【问题描述】

对字符串进行替换、分割、截取等操作。

参考代码如下。

```php
<?php
//单个字符替换
$str="轻轻的我走了[逗]正如我轻轻的来[句]我挥一挥衣袖[逗]不带走一片云彩[句]";
echo "原字符串:<b>".$str."</b><br>";
$str=str_replace("[","(",$str);
$str=str_replace("]",")",$str);
echo "字符替换之后:<b>".$str."</b><br>";
//字符串替换
$str=str_replace("(逗)",",",$str);
$str=str_replace("(句)",".",$str);
echo "字符串替换之后:<b>".$str."</b><br>";

//单个字符替换的高级应用
$str="轻轻的我走了[逗]正如我轻轻的来[句]我挥一挥衣袖[逗]不带走一片云彩[句]";
echo "原始字符串:<b>".$str."</b><br>";
$arr1=array("[","]");
```

```php
$arr2=array("(",")");
$str=str_replace($arr1,$arr2,$str);
echo "字符替换之后:<b>".$str."</b><br>";
//字符串替换的高级应用
$arr3=array("(逗)","(句)");
$arr4=array(",",".");
$str=str_replace($arr3,$arr4,$str);
echo "字符串替换之后:<b>".$str."</b><br>";

//分割英文字符串
$str="See what information we have on PhpCoding.cn and share your knowledge.";
echo "原字符串:<b>".$str."</b><br>";
echo "1.以默认长度分割字符串:<br>";
$arr1=str_split($str);
echo "---\$arr1[0]的值:".$arr1[0]."<br>";
echo "---\$arr1[1]的值:".$arr1[1]."<br>";
echo "---\$arr1[10]的值:".$arr1[10]."<br>";
echo "2.以指定长度为 5 分割字符串:<br>";
$arr2=str_split($str,5);
echo "---\$arr1[0]的值:".$arr2[0]."<br>";
echo "---\$arr1[1]的值:".$arr2[1]."<br>";
echo "---\$arr1[5]的值:".$arr2[5]."<br>";

echo "原始字符串:<b>".$str."</b><br>";
//按各种方式进行截取
$str1=substr($str,5);
echo "从第 5 个字符开始取至最后:".$str1."<br>";
$str2=substr($str,9,4);
echo "从第 9 个字符开始取 4 个字符:".$str2."<br>";
$str3=substr($str,-5);
echo "取倒数 5 个字符:".$str3."<br>";
//测试分割中文
$str2="轻轻的我走了，正如我轻轻的来。";
echo "原字符串:<b>".$str2."</b><br>";
echo "1.以指定长度为 5 分割字符串:<br>";
$arr3=str_split($str2,5);
echo "---\$arr3[0]的值:".$arr3[0]." <br>";
echo "---\$arr3[1]的值:".$arr3[1]." <br>";
echo "2.以指定长度为 4 分割字符串:<br>";
$arr4=str_split($str2,4);
echo "---\$arr4[0]的值:".$arr4[0]."<br>";
echo "---\$arr4[0]的值:".$arr4[0]."<br>";
```

```
    echo "---\$arr4[0]的值:".$arr4[0]."<br>";
    ?>
```

程序运行结果如图 6-26 所示。

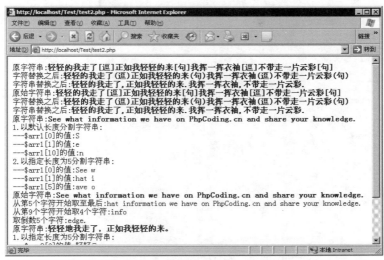

图 6-26

【拓展作业】

1. 写一段程序，创建一个数组，其元素内容为从 1 到 20 的所有整数，并输出该数组。

2. 写一段代码，查找数组中是否存在某一个指定的元素，如果存在则返回数组的索引。

单元 七

PHP 面向对象

 **课程目标**

▶ 掌握 PHP 的类、对象以及成员属性和成员方法

▶ 掌握继承、接口和多态

▶ 掌握 PHP5 中的魔术方法

 简 介

　　PHP 从 PHP3 就开始支持面向对象的程序设计(OOP)，但其对面向对象编程的支持非常简单。直到 PHP5，重新设计了面向对象的模型，增加了大量的特性，才全面支持面向对象编程。

7.1 PHP 中的类和对象

　　对象(Object)是问题域或实现域中某些事物的一个抽象。它反映该事物在系统中需要保存的信息和发挥的作用。它是一组属性和有权对该属性进行相关操作的一组服务的一个封装体。关于对象要从两方面理解：一方面是指系统所要处理的现实世界中的对象；另一方面是指计算机不直接处理的对象，而是处理相应的计算机表示，这种计算机表示也称为对象，也就是"一切皆对象"。一个人可以是一个对象，一辆汽车也可以是一个对象。当这些对象可以使用数据直接进行表示时，就将这些数据称为属性。一个人有姓名，也有年龄，这个姓名和年龄就是人的属性。

　　面向对象(OO)是指把软件组织成一系列离散的、合并了数据结构和行为的对象。而传统的软件开发方法中数据结构和行为只是松散关联的。现在面向对象的这种概念和方法已不再只是用于软件开发上，也扩展到很多方面，如数据库系统、应用平台、分布式管理平台、人工智能等领域。

　　面向对象的程序设计(OOP)旨在创建软件重用代码，以具备更好的模拟现实世界环境的能力，这使它被公认为是自上而下编程的优胜者。它通过给程序中加入扩展语句，把函数"封装"进编程所必需的"对象"中。

7.1.1 声明类和属性、方法的定义

　　PHP5 与 Java、C#中的声明类一样，使用 class 来定义一个类，后面跟类名(类名可以是任何非 PHP 保留字的字符串)，然后再跟一对大括号，括号里面包含类的成员和方法定义。其语法如下。

```
class className{
//成员…
//方法…
}
```

　　定义类的方法，首先指定该方法的访问权限，然后跟关键字 function，接着是方法名称及参数列表，最后跟大括号，大括号内是方法体。语法如下。

```
public function functonName(参数列表){
```

方法体
　　}

下面的示例定义一个 Book 类，并定义类中的属性和方法，代码如下。

```php
class Book {
 private $bookId;
 private $bookName;

 public function setBookId($bookId) {
     $this->bookId = $bookId;          //这里$this->bookId 类似于 Java 中的 this.bookId，this
                                       表示对对象本身的引用
 }
 public function getBookId() {
     return $this->bookId;
 }

 public function getBookName() {
     return $this->bookName;
 }
 public function setBookName($bookName) {
     $this->bookName = $bookName;
 }
 }
 }
```

在上面的示例中，给 Book 类定义了 bookId 和 bookName 两个属性，其中，private 为属性的访问修饰符。然后定义了 4 个公共的方法，分别采用$this 对对象 Book 本身的 bookId 和 bookName 进行赋值和取值。

7.1.2　构造函数和类的实例化

构造方法是一个名为_construct()的方法。PHP 的构造方法的作用与 C#、Java 中的构造方法作用一样，若在类中定义该函数，它将被自动调用。通常构造方法用于自动执行对象的初始化操作，如对象属性的初始化。若在初始化时需要使用外部数据，可采用给构造函数添加参数的方式，构造方法默认为公共方法，并且不能将其定义为私有方法或受保护方法。

PHP 中类的实例化与 Java、C#中一样，使用 new 关键字。

下面修改上例使用构造方法在对象初始化时给属性赋值，代码如下。

```php
<?php
class Book {
 private $bookId;
 private $bookName;
```

```php
public function __construct($bookId,$bookName){
    $this->bookId=$bookId;
    $this->bookName=$bookName;
}

public function getBookId() {
    return $this->bookId;
}

public function getBookName() {
    return $this->bookName;
}
}
$boo1 = new Book(112,"PHP 宝典");
echo "书本编号："  .$boo1->getBookId()."<br>";
echo "书本名称："  .$boo1->getBookName();
?>
```

代码运行结果如图 7-1 所示。

图 7-1

7.1.3 析构函数

析构函数与构造函数的功能恰好相反。析构函数是一个名为_destruct()的函数，它是在对象被注销时所调用的，通常 PHP 会在所有请求都结束时自动释放该对象所占有的资源，所以析构函数显得并不是特别重要。但是在某些情况下还是很有用处的，如释放指定的资源或者记录日志信息。

在上例的基础上加析构函数，代码如下所示。

```php
<?php
class Book {
 private $bookId;
 private $bookName;
 //构造函数
 public function __construct($bookId,$bookName){
```

```
        $this->bookId=$bookId;
        $this->bookName=$bookName;
    }

    public function getBookId() {
        return $this->bookId;
    }

    public function getBookName() {
        return $this->bookName;
    }
    public function __destruct(){        //析构函数
        echo "<br>对象被释放！";
    }
    }
$boo1 = new Book(112,"PHP 宝典");
echo "书本编号：".$boo1->getBookId()."<br>";
echo "书本名称：".$boo1->getBookName();
?>
```

程序运行结果如图 7-2 所示。

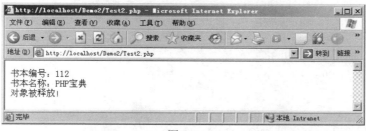

图 7-2

7.1.4　类的常量

在 PHP 中，存在全局常量，使用 define 关键字进行定义。而在 PHP5 中，还可以在类中定义常量。类的常量不属于任何类的实例，只属于类的本身。定义类的常量很简单，只需要使用 const 关键字进行定义即可。语法如下。

```
const PI = 3.14;        //注意，类中的常量是大小写敏感的
```

类中的常量与 PHP 中的全局常量一样，定义后不可对其再做赋值操作。

对于类的常量的引用可分为两种情况：一种是在类的内部进行引用，另一种是在类的外部进行引用。不管是何时引用类的常量，都需要使用范围解析操作符(::)。在类内部引用类中的常量，需要使用 PHP 中的特殊关键字 self 再加范围解析操作符再加类

中定义的常量名，self 表示其类本身，语法如下。

```
self ::PI
```

如果是在类的外部引用类中的常量，则需要使用类名加范围解析符(::)，再加所定
义的常量名。语法如下。

```
类名 :: PI
```

在上例的基础上添加常量，演示在类中和类外面引用类中的常量，代码如下。

```php
<?php
class Book {
const PUBLISH = "清华大学出版社";
private $bookId;
private $bookName;
//构造函数
public function __construct($bookId,$bookName){
    $this->bookId=$bookId;
    $this->bookName=$bookName;
}

public function getPublish(){
    return self::PUBLISH;     //这里使用 self 引用类中所定义的常量
}
public function getBookId() {
    return $this->bookId;
}

public function getBookName() {
    return $this->bookName;
}
}
class ITBook extends Book{
private $bookPrice;
public function getBookPrice() {
    return $this->bookPrice;
}

function __construct($bookId, $bookName,$bookPrice){
    parent::__construct($bookId, $bookName);
    $this->bookPrice = $bookPrice;
}
}
echo "----------------- 父类: 图书信息    ------------------<br>";
```

```
$book1 = new Book(112,"PHP 宝典");
echo "书本编号: ".$book1->getBookId()."<br>";
echo "书本名称: ".$book1->getBookName()."<br>";
echo "出版社: ".Book::PUBLISH."<br>";     //这里在类外部通过类名::引用常量
echo "-----------------   子类: IT 类图书       ------------------<br>";
$itBook1 = new ITBook("102", "SQLSERVER 高级", "￥45.5 元");
echo "书本编号：".$itBook1->getBookId()."<br>";
echo "书本名称：".$itBook1->getBookName()."<br>";
echo "书本价格：".$itBook1->getBookPrice()."<br>";
echo "出版社：".$itBook1->getPublish()."<br>";
?>
```

程序代码运行结果如图 7-3 所示。

图 7-3

7.2　访问类中的方法和属性

7.2.1　访问修饰符

PHP 中访问保护通过 3 个关键字来实现：public、protected 和 private。在开发时，需要指定属性或方法的访问权限。为了向下兼容，定义方法时未指定访问权限的将自动设置为 public。

表 7-1 列出了 3 种访问修饰符及说明。

表 7-1

访问修饰符	说　明
public	公共的成员，可被所属类的成员以及不属于类的成员访问
	在对象外部使用时采用对象名->属性名或对象名->方法名访问
	在对象内部使用时采用$this->属性名或$this->方法名访问

(续表)

访问修饰符	说　明
protected	受保护的成员，可被所属类或子类访问 采用特殊变量$this->受保护的变量名或$this->受保护的方法名进行访问
private	私有成员，仅所属类的成员才可以访问

7.2.2　静态属性和静态方法

PHP 中可以定义静态属性和静态方法，类中的静态成员不属于任何类的实例，只属于类本身。静态属性和静态方法都通过 static 关键字定义。

访问类的静态成员有两种情况：一种是在类的内部访问，可采用"self::静态成员名"的方式访问；另一种是在类的外部访问，可采用"类名::静态成员名"的方式访问。

下面的示例演示了静态属性和静态方法的使用，代码如下所示。

```php
<?php
class Book{
 static $count = 0 ;
 public function __construct(){
      self::addCount();
 }
 public static function addCount(){
      self::$count++;
 }

 public static function printCount(){
      echo "数量：" .self::$count;
 }
}
echo Book::printCount()."<br>";        //输出结果 0
$b1 = new Book();                      //实例化类，这里将自动调用构造方法，在构造方法中
                                       调用静态方法

addCount()
echo Book::printCount();               //输出结果为 1
?>
```

运行结果如图 7-4 所示。

图 7-4

7.2.3　魔术方法

在 PHP 中，除提供了静态方法外，还提供了几个有用的魔术方法。这些魔术方法包括前面讲过的构造函数_construct()、析构函数_destruct()、字符串转换函数_toString()、克隆函数_clone()等。下面将对字符串转换函数和克隆函数进行讲解。

1. 字符串转换函数_toString()

如果想在采用 echo 或 print 命令显示对象时，显示对象的信息，则可以使用_toString()方法。该方法用于返回表示对象信息的字符串，并且在类中定义了该方法，当用户试图输出对象时会自动调用_toString()方法。

下面示例演示了_toString()方法的使用，代码如下。

```php
<?php
class Book{
private $bookId;
private $bookName;

public function __construct($bookId,$bookName){
    $this->bookId=$bookId;
    $this->bookName=$bookName;
}
//这里定义_toString()方法
public function __toString(){
    return "编号:".$this->bookId."<br>名称：".$this->bookName;
}
}
$b1 = new Book(101, "JAVA 语言基础");
print $b1;    //在这里输出对象时，会自动调用_toString()方法
?>
```

程序运行结果如图 7-5 所示。

图 7-5

2. 克隆函数_clone()

在实际应用中，除了采用 new 关键字创建对象外，还可以使用 clone 关键字实现

对象的克隆，所克隆的对象将拥有原对象的所有属性，语法格式如下。

```
$cloneObject = colone $object;
```

其中，$object 为被克隆的对象；$cloneObject 为克隆出的对象，它将拥有被克隆对象 $object 的全部属性。

修改上例，使用对象$b1 克隆出一个对象$b2，示例代码如下。

```php
<?php
class Book{
 private $bookId;
 private $bookName;

 public function __construct($bookId,$bookName){
     $this->bookId=$bookId;
     $this->bookName=$bookName;
 }

 public function __toString(){
     return "编号:".$this->bookId."<br>名称：".$this->bookName;
 }
}
echo '----------    对象$b1 ----------<br>';
$b1 = new Book(101, "JAVA 语言基础");
print $b1;
echo '<br>----------    克隆对象$b2 ----------<br>';
$b2 = clone $b1;   //克隆对象
print $b2;
?>
```

程序运行结果如图 7-6 所示。

图 7-6

PHP 还提供了一种 clone()魔术方法，可以在克隆对象时自动调用该方法。
下面示例用到了 clone()方法，代码如下。

```php
<?php
class Book{
 private $bookId;
```

```
    private $bookName;

    public function __construct($bookId,$bookName){
        $this->bookId=$bookId;
        $this->bookName=$bookName;
    }

    public function __toString(){
        return "编号:".$this->bookId."<br>名称：".$this->bookName;
    }
    public function __clone(){
        $this->bookId++;
    }
}
echo '---------    对象$b1 ----------<br>';
$b1 = new Book(101, "JAVA 语言基础");
print $b1;
echo '<br>----------    克隆对象$b2 ----------<br>';
$b2 = clone $b1;   //克隆对象
print $b2;         //由于对象在克隆时调用了_clone()方法，所有 bookId 的值将加 1
?>
```

运行结果如图 7-7 所示。

图 7-7

7.3　类的继承

　　继承是指一个对象直接使用另一个对象的属性和方法。如果一个类继承自另一个类，则将这个类称为子类或者扩展类，将被继承的类称为父类或基类。使用继承，使子类具有其父类的所有可访问的方法和属性，而不用再次编写相同的代码。

　　子类在继承父类时，可以重新定义某些方法和属性，即在子类中覆盖父类的原有属性和方法，使其与父类具有相同方法名而具有不同的功能。在实际的应用中，使用继承的主要目的在于实现代码的重用。

使用 PHP 开发 Web 应用程序

7.3.1 继承方法

PHP 的继承和 Java 一样，使用关键字 extends，被继承的类称为基类或父类，继承的类称为扩展类或子类。通常在 PHP 中使用 parent 表示父类，常用于访问父类的方法和属性。使用 self 表示当前类，常用于访问当前类中的常量、静态变量和方法。

在使用 parent 和 self 访问方法和属性时都需要在其后加范围解析操作符。范围解析操作符(::)也称为 Paamayim Nekudotayim，也可以说是双冒号。这是 Zend 开发小组在开发 Zend 引擎时所做出的决定。实际上 Paamayim Nekudotayim 在希伯来文就是双冒号的意思。

下面演示类的继承使用方法，代码如下。

```php
<?php
class Book {
private $bookId;
private $bookName;
//构造函数
public function __construct($bookId,$bookName){
    $this->bookId=$bookId;
    $this->bookName=$bookName;
}

public function getBookId() {
    return $this->bookId;
}

public function getBookName() {
    return $this->bookName;
}
}
class ITBook extends Book{
private $bookPrice;
public function getBookPrice() {
    return $this->bookPrice;
}

function __construct($bookid, $bookname,$bookprice){
//这里 parent::类似于 Java 中的 super 关键字，或者 C#中的 base 关键字
    parent::__construct($bookId, $bookName);
    $this->bookPrice = $bookPrice;
}
}
echo "------------------  父类: 图书信息    ------------------<br>";
```

142

```
$book1 = new Book(112,"PHP 宝典");
echo "书本编号：".$book1->getBookId()."<br>";
echo "书本名称：".$book1->getBookName()."<br>";
echo "-----------------   子类: IT 类图书   ------------------<br>";
$itBook1 = new ITBook("102", "SQLSERVER 高级", "￥45.5 元");
echo "书本编号：".$itBook1->getBookId()."<br>";
echo "书本名称：".$itBook1->getBookName()."<br>";
echo "书本价格：".$itBook1->getBookPrice()."<br>";
?>
```

运行后结果如图 7-8 所示。

图 7-8

7.3.2　通过魔术方法实现"重载"

PHP 所提供的"重载"(overloading)是指动态地"创建"类属性和方法，是通过魔术方法(magic methods)来实现的。

当调用当前环境下未定义或不可见的类属性或方法时，重载方法会被调用。本节后面将使用"不可访问成员(inaccessible members)"和"不可访问方法(inaccessible methods)"来称呼这些未定义或不可见的类属性或方法。

所有的重载方法都必须被声明为 public。

 注意
> PHP 中的"重载"与其他绝大多数面向对象语言不同。传统的"重载"用于提供多个同名的类方法，但各方法的参数类型和个数不同。

1. 属性重载(见表 7-2)

表 7-2

方　　法	说　　明
void _set (string $name, mixed $value)	在给未定义的变量赋值时，_set()会被调用
mixed _get (string $name)	读取未定义的变量的值时，_get()会被调用

方　法	说　明
bool _isset (string $name)	当对未定义的变量调用 isset()或 empty()时，_isset()会被调用
void _unset (string $name)	当对未定义的变量调用 unset()时，_unset()会被调用

参数$name 是指要操作的变量名称。_set()方法的 $value 参数指定了$name 变量的值。

属性重载只能在对象中进行。在静态方法中，这些魔术方法将不会被调用。所以这些方法都不能被声明为 static。

下面的代码演示了属性的重载。

```php
<?php
class MemberTest {
    /**  被重载的数据保存在此   */
    private $data = array();
    /**  重载不能被用在已经定义的属性   */
    public $declared = 1;

    /**  只有从类外部访问这个属性时，重载才会发生 */
    private $hidden = 2;

    public function _set($name, $value) {
        echo "设置: '$name' 的值是:'$value'\n";
        $this->data[$name] = $value;
    }

    public function _get($name) {
        echo "获得  '$name'的值<br>";
        if (array_key_exists($name, $this->data)) { //array_key_exists() 函数判断某个数组
                                                    中是否存在指定的 key

            return $this->data[$name];
        }
    }

    /**  PHP 5.1.0 之后版本 */
    public function _isset($name) {     //isset()用于检测变量是否设置
        echo "变量  '$name' 是否已经设置?\n";
        return isset($this->data[$name]);
    }

    /**  PHP 5.1.0 之后版本 */
    public function _unset($name) {     //unset —释放给定的变量
```

```
            echo "释放 '$name'\n";
            unset($this->data[$name]);
        }


    /**  非魔术方法  */
    public function getHidden() {
        return $this->hidden;
    }
}
echo "<pre><br>";
$obj = new MemberTest;

$obj->a = 1;              //给一个不存在的属性变量赋值时会调用_set()
echo $obj->a . "<br>";   //读取未定义的变量值时，将调用_get()

var_dump(isset($obj->a)); //检测变量是否已设置
unset($obj->a);          //释放变量
var_dump(isset($obj->a)); //再次检测变量是否已设置
echo "<br>";

echo $obj->declared . "\n\n";

echo $obj->getHidden() . "\n";
echo "下面调用私有的成员 hidden，程序会认为是在读取未定义的变量，它将调用
_get()<br>";
echo $obj->hidden . "<br>";
echo "</pre>";
?>
```

程序运行结果如图 7-9 所示。

图 7-9

2. 方法重载(见表 7-3)

表 7-3

方　法	说　明
mixed _call (string $name , array $arguments)	当调用一个不可访问方法(如未定义，或者不可见)时，_call() 会被调用
mixed _callStatic (string $name , array $arguments)	当在静态方法中调用一个不可访问方法(如未定义，或者不可见)时，_callStatic()会被调用

$name 参数是要调用的方法名称。$arguments 参数是一个数组，包含着要传递给方法的参数。

7.3.3　使用 final 对继承和重载进行限制

在实际应用中，虽然可以以某个类进行继承来实现另一个扩展类，在扩展类中可以通过重写父类中的方法的方式实现新的功能，但是在某些时候却需要确保某一个方法不能够被扩展类改写。此时可采用关键字 final 访问控制符声明一个方法不能够被其扩展类进行改写。

下面的示例演示了一个扩展类改写其父类的 final()方法，代码如下所示。

```php
<?php
class father{
 final function show(){
      echo "这是："._METHOD_;
 }
}
class son extends father {
 function show(){
      echo "这是："._CLASS_;
 }
}
$bc = new son();
$bc->show();
?>
```

在上面的示例中，首先定义一个父类 father，然后定义一个扩展类 son，在扩展类中改写了父类中具有 final 访问控制符的方法 display()。由于该方法被声明为 final，因此不能在扩展类中改写该方法。程序在运行时 PHP 将给出如图 7-10 所示的错误提示。

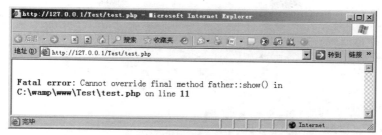

图 7-10

7.4　多态

多态(polymorphism)按字面意思理解就是"多种形态"，可以理解为多种表现形式，即"一个对外接口，多个内部实现方法"。在面向对象的理论中，多态性的一般定义为：同一个操作作用于不同的类的实例，将产生不同的执行结果。即不同类的对象收到相同的消息时，将得到不同的结果。

在实际的应用开发中，通常为了使项目能够在以后的时间里轻松实现扩展与升级，需要通过继承，实现可复用模块，从而轻松升级。在进行可复用模块设计时，就需要尽可能地减少使用流程控制语句，此时就可以采用多态实现该类设计。

下面的示例是使用流程控制语句实现不同类的处理，代码如下。

```php
<?php
class student{      //定义学生类
 public function work(){
     echo "学生的工作是学习！<br>";
 }
}
class teacher{      //定义教师类
 public function work(){
     echo "老师的工作是教学！<br>";
 }
}
function printworking($obj){      //定义处理函数
 if($obj instanceof student){      //如果对象是 student 类，则显示学生工作方法
     $obj->work();
 }
 else if($obj instanceof teacher){  //如果对象是 teacher 类，则显示教师工作方法
     $obj->work();
 }
 else{
     echo "对象错误!<br>";      //如果都不是以上类，则显示出错信息
 }
```

147

```
    }
    printworking(new student());//显示工作状态
    printworking(new teacher());//显示工作状态
    ?>
```

程序运行结果如图 7-11 所示。

图 7-11

上面的示例中，首先定义两个类 student 和 teacher，然后定义一个处理函数 printworking()。在该函数中判断是否是已经定义的对象，并调用对象的 work()方法。

上面的程序中，如果要显示出几种不同岗位的工作状态，需要首先定义类，并在类中定义工作 work()方法，然后在 printworking()函数里增加 else if 语句来检查对象是哪一个岗位类。这在实际应用中，是非常不可取的。

如果采用多态，则可以轻松解决此问题。多态使用继承来解决这个问题。子类继承父类，并继承父类的所有方法和属性。

下面的示例演示了多态的使用，代码如下。

```php
<?php
class person{        //定义父类
 protected function work(){     //定义 work 方法，需要在子类实现
      echo "本方法需要在子类中重写<br>";
 }
}
class student extends person {
 public function work(){
      echo "学生的工作是学习！<br>";
 }
}
class teacher extends person {
 public function work(){
      echo "老师的工作是教学！<br>";
 }
}
function printworking($obj){        //
```

```
        if($obj instanceof person){    //如果是 person 对象，则显示其工作状态
            $obj->work();
        }
        else{
            echo "对象错误!<br>";
        }
    }
    printworking(new student());
    printworking(new teacher());
    ?>
```

程序运行效果同上例一样。

7.5　接口

　　类的继承可以描述几个类之间的父子关系，如果需要使某一个类同时继承自多个类，由于 PHP 不支持多重继承，而采用了接口。

　　在面向对象编程中，接口是用来定义程序的一种协议，是一系列方法的声明，是一些方法特征的集合。即一个接口只有方法的特征而没有方法的实现，所有实现接口的类或结构都必须与接口中的定义完全一致。但实现接口类中的这些方法可以在不同的地方被不同的类实现，而这些实现可以具有不同的行为。

　　在一个系统中，接口描述的是该系统所能够提供的所有服务，但不包含实现这些服务的具体细节。类或结构可以像类继承基类或结构一样从接口继承。在 PHP 中，不能从多个类进行继承，但可以继承自多个接口。当类或结构继承接口时，将继承接口的成员定义，却不继承成员的实现。若要实现该接口，类中的所有对应成员都必须是公共的、非静态的，并且必须与接口具有相同的成员名称。

7.5.1　接口的实现

　　在实际应用中，必须首先声明接口，然后实现该接口。在 PHP 中，采用关键字 interface 声明接口。声明接口的语法格式如下。

```
interface interfacename{
    public function functionname();
}
```

　　其中，关键字 interface 是标识接口的关键字，interfacename 是声明的接口名称，大括号内为接口体，在该接口体中，包含方法的声明，而没有方法的具体实现。

　　一个类采用关键字 implements 来实现某个接口，实现某个接口的类将自动获得该接口所定义的常量，并且必须为接口中的函数原型提供函数定义。实现接口的语法格式如下。

```
class className implements interface1 , interface2 , ......{
}
```

其中，关键字 implements 声明该类将实现接口 interface1 等。如果某个类同时实现多个接口，只需要在关键字 implements 后面以逗号(,)隔开即可。在实现接口的类中，必须定义接口所声明的所有函数。

下面采用接口的方式续写上例，代码如下。

```php
<?php
interface   IPerson{        //定义接口
  function work();
}
class student implements   IPerson {
 public function work(){      //实现接口中的方法
        echo "学生的工作是学习！<br>";
 }
}
class teacher implements   IPerson {
 public function work(){        //实现接口中的方法
        echo "老师的工作是教学！<br>";
 }
}
function printworking($obj){
 if($obj instanceof IPerson ){   //判断是否实现了 IPerson 接口
        $obj->work();
 }
 else{
        echo "对象错误!<br>";
 }
}
printworking(new student());
printworking(new teacher());
?>
```

7.5.2　接口的继承

接口可以像类一样从其他接口进行继承。但与类继承不同的是，类继承只允许继承自一个父类，而接口继承可以实现多重继承。接口继承的语法与类继承的语法类似，语法格式如下。

```
interface interfaceName extneds interface1,interface2,.....{
    //接口体....
}
```

在接口继承中，与类实现接口的规则类似，接口只能够继承与本接口不相冲突的接口。即如果继承的接口定义了一个被继承的接口中存在的某个方法或常量，在执行时 PHP 将给出相应的错误信息。

【单元小结】

- PHP 的类、对象以及成员属性和成员方法
- 继承、接口和多态
- PHP5 中的魔术方法

【单元自测】

1. 如何即时加载一个类？（　　　）

　　A. 使用_autoload()魔术函数　　　　　　B. 把它们定义为 forward 类

　　C. 实现一个特殊的错误处理手段　　　　D. 不可能

2. ＿＿＿＿＿＿＿＿提供了一个高性能的解决面向对象中重复出现的问题的方案？

3. 以下脚本输出什么？（　　　）

```php
<?php
class a
{
function a()
{
echo 'Parent called';
}
}
class b
{
function b()
{
}
}
$c = new b();
?>
```

　　A. Parent called　　　　　　　　　　B. 一个错误

　　C. 一个警告　　　　　　　　　　　　D. 什么都没有

4. PHP 中有静态类变量吗？（　　　）

　　A. 有　　　　　　　　　　　　　　　B. 没有

5. 以下脚本输出什么？（　　　）

```php
<?php
class a
{
function a ($x = 1)
{
$this->myvar = $x;
}
}
class b extends a
{
var $myvar;
function b ($x = 2)
{
$this->myvar = $x;
parent::a();
}
}
$obj = new b;
echo $obj->myvar;
?>
```

A. 1

B. 2

C. 一个错误，因为没有定义 a::$myvar

D. 一个警告，因为没有定义 a::$myvar

【上机实战】

上机目标

- 掌握 PHP 的类、对象以及成员属性和成员方法
- 掌握继承、接口和多态的用法
- 掌握 PHP5 中的魔术方法

上机练习

◆ 第一阶段 ◆

练习：练习 PHP 中访问修饰符以及继承的使用。

【参考步骤】

(1) 定义一个父类 myClass，分别定义 3 个公共的属性和方法、3 个受保护的属性和方法、3 个私有属性和方法。

(2) 定义一个从 myClass 继承的扩展类 sonClass，再分别实例化父类 myClass 和子类 sonClass，最后调用其公共方法 setName()设置 name 属性。

(3) 在父类 myClass 中定义了受保护方法 setSize()，在子类 sonClass 中可以访问该方法，并且也可以改写该方法。在子类 sonClass 中重写了 setSize()方法。

(4) 在父类 myClass 和子类 sonClass 中都定义了私有属性 id 和私有方法 setId()，但是因两个属性和方法都为私有，所以在子类 sonClass 中无法看到父类的私有属性 id 和私有方法 setId()，因此，父类和子类的私有属性 id 和私有方法 setId()是各不相关的。

代码如下。

```php
<?php
class myClass{
 public $name;
 protected $size;
 private $id;
 public function __construct($size){
     $this->setSize = $size;
     $this->setId();
 }
 public function setName($name){
     $this->name = $name;
 }
 protected function setSize($size){
     $this->size = $size;
 }
 private function setId(){
     $this->id = rand(10, 5000);
 }
 }
class sonClass extends myClass{
```

```
        private $id;
        public function __construct($size){
                $this->setSize($size);
                $this->setId();
        }
        protected function setSize($size){
                $this->size = $size * 2;
        }
        private function setId(){
                $this->id = rand(1, 10);
        }
}
$myClass = new myClass(15);
$myClass->setName("parent class");

$sonClass = new sonClass(15);
$sonClass->setName("son class");

print_r($myClass);
echo "<br>";
print_r($sonClass);
?>
```

程序运行结果如图 7-12 所示。

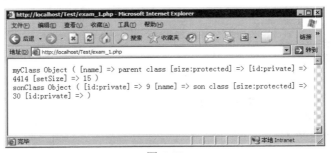

图 7-12

◆　第二阶段　◆

练习：静态属性和静态方法

【问题描述】

(1) 在 PHP 中，静态属性和静态方法不属于某一个实例，只属于类本身。在类内部可以通过"self:静态属性名"和"self:静态方法名"的形式进行调用，在类外部可以通过"类名称:静态属性名"和"类名称:静态方法名"的形式进行调用。

(2) 下面的程序中，定义了一个类 myClass，在该类中定义一个静态变量和两个静态方法；然后直接在类的外部调用类里面的静态方法 printId()；再使用 new 关键字实例化类，此时将自动调用其构造函数，在该构造函数中调用了类的静态方法 addId()；静态变量将自动加 1，最后再调用类的 printId()方法，静态变量$id 加为 1。

```php
<?php
class myClass{
 public static $id = 0;
 public function __construct(){
      self::addId();
 }
 public static function printId(){
      echo "myClass id: " . self::$id;
 }
 public static function addId(){
      self::$id++;
 }
}
echo myClass::printId() . "<br>";
$myClass = new myClass;
echo myClass::printId() . "<br>";
?>
```

程序运行结果如图 7-13 所示。

图 7-13

【拓展作业】

1. 写一段代码，定义一个汽车类，有品牌与价格两种属性。并为类实例化对象，为对象的属性赋值并引用。

2. 在上例的基础上为汽车类定义一个跑车子类。为子类实例化对象并访问父类的属性。

单元 八

文件上传和异常处理

 课程目标

▶ 掌握 PHP 中文件的上传和下载方法

▶ 掌握 PHP 中的异常类型及处理方法

 **简 介**

在 Web 应用系统开发中，文件上传和下载是非常常用的功能，本单元介绍 PHP 中的文件上传和下载功能的实现。对于文件上传，浏览器在上传的过程中是将文件以流的形式提交到服务器端；对于文件下载，浏览器在下载的过程中是将文件以流的形式从服务器端下载到客户端。

8.1 文件的上传与下载

在实际应用中，有时需要用户从本地上传文件至服务器进行处理，有时需要服务器提供文件供用户下载。下面对文件的上传和下载进行详细讲解。

8.1.1 开启上传功能

Web 服务器具有文件上传功能，必须在配置文件 php.ini 中设置允许文件上传。配置文件 php.ini 对于文件上传的选项如表 8-1 所示。

表 8-1

选　项	默认值	说　明
file_uploads	1	是否开启文件上传
upload_tmp_dir	null	上传文件临时目录
upload_max_filesize	2MB	允许最大上传大小

- file_uploads 选项：标识是否允许文件上传。其默认值为 1，允许文件上传。如果不允许服务器上传文件，可将其改为 0，再重启服务器即可。如果不允许服务器上传文件，则后两个选项自动失效。
- upload_tmp_dir 选项：标识上传的文件的临时存放目录。其默认值为 null，此时上传的临时文件将保存至系统临时目录，也可设置为指定的目录。
- upload_max_filesize 选项：标识客户端一次可上传的最大文件夹尺寸，默认为 2MB。如果服务器需要，可将默认值改为特定的值。

8.1.2 POST 方法上传

在 PHP 系统中，文件的上传是通过 HTML 表单中的 file 控件将文件上传至 php.ini 文件的 upload_tmp_dir 选项所指定的临时目录，然后由 PHP 的函数 move_uploaded _file()将上传的临时文件移动到指定的位置实现的。为了实现在浏览器上选择要上传的文件，需要在 HTML 表单中加入 file 控件，并且必须指定表单的 enctype 属性为

"multipart/form-data"，才可以上传文件。

下面的示例演示了在客户端选择上传文件的 HTML 表单的内容，代码如下。

```
<!DOCTYPE html PUBLIC "-//W3C//DTD XHTML 1.0 Transitional//EN"
"http://www.w3.org/TR/xhtml1/DTD/xhtml1-transitional.dtd">
    <html xmlns="http://www.w3.org/1999/xhtml">
    <head>
    <meta http-equiv="Content-Type" content="text/html; charset=gb2312">
    <title>文件上传</title>
    </head>
    <body>
    <form method="post" action="uploadFile.php" enctype="multipart/form-data">
    <input type="hidden" name="MAX_FILE_SIZE" value="30000" />
    请选择要上传的文件：<input type="file" id="upfile" name="upfile"/>
    <input type="submit" value="上传" id="submit"/>
    </form>
    </body>
    </html>
```

程序运行结果如图 8-1 所示。

图 8-1

表单的 action 属性为接收表单内容的文件，MAX_FILE_SIZE 隐藏字段必须存放在 file 控件前，其值为接收文件的最大尺寸，单位为字节。当选择大于此尺寸的文件时，浏览器会拒绝上传。但是在浏览器端可以简单绕过此限制，不能只依靠该值来限制上传大文件。对 PHP 中设置的最大上传限制是不会失效的，也避免了用户浪费时间等待大文件上传完毕之后才发现文件尺寸过大上传失败的麻烦。

在浏览器上选择了要上传的文件，单击"上传"按钮，所选择文件将上传到临时文件夹，所上传文件的信息将放在全局变量$_FILES 中。该全局变量是一个二维数组，第一维键名为表单 file 控件的 name 属性值，第二维包含如表 8-2 所示的信息。

表 8-2

属　性	描　述
name	客户端所选文件的源文件名

(续表)

属　性	描　述
type	客户端所选文件的类型。如果客户端的浏览器提供此信息，该项才会有值
size	所上传文件的大小，单位为字节
Tmp_name	客户端所选文件上传至服务器后所存储的临时文件名
error	文件上传的错误代码。上传成功为 0

文件上传的错误代码如表 8-3 所示。

表 8-3

错误代码	描　述
UPLOAD_ERR_OK	其值为 0，表示没有错误发生，文件上传成功
UPLOAD_ERR_INI_SIZE	其值为 1，表示上传的文件超过了 php.ini 中 upload_max_filesize 选项限制的值
UPLOAD_ERR_FORM_SIZE	其值为 2，表示上传文件的大小超过一个 HTML 表单中 MAX_FILE_SIZE 选项指定的值
UPLOAD_ERR_PARTIAL	其值为 3，表示文件只有部分被上传
UPLOAD_ERR_NO_FILE	其值为 4，表示没有文件被上传
UPLOAD_ERR_NO_TMP_DIR	其值为 6，表示找不到临时文件夹
UPLOAD_ERR_CANT_WAITE	其值为 7，表示文件写入失败

接收文件上传的 PHP 脚本是为了决定接下来该对文件进行哪些操作，应该实现逻辑上必要的检查。例如，检查上传的文件是否超过限制，然后再根据错误代码进行下一步的限制。如果上传成功，则将其转移至指定的目录，否则从临时文件夹中删除上传的文件。

下面示例演示了使用 PHP 脚本处理上传的文件，代码如下所示。

```php
<?php
$uploadPage = "file_test.html";
$dir = dirname(realpath(__FILE__)) . DIRECTORY_SEPARATOR;
$maxUploadSize = ini_get('upload_max_filesize');

$err_msg = false;
if(!isset($_FILES['upfile'])){
    $err_msg = "表单不完全！";
} else{
    $fileImg = $_FILES['upfile'];
}
switch($fileImg['error']){
    case UPLOAD_ERR_INI_SIZE:
```

```
                    $err_msg = "文件超过最大上传限制:$maxUploadSize \n";
                break;
        case UPLOAD_ERR_PARTIAL:
                    $err_msg = "文件上传不完全.请重新<a href='{$uploadPage}'>上传</a>\n";
                break;
        case UPLOAD_ERR_NO_FILE:
                    $err_msg = "没有选择文件.请重新<a href='{$uploadPage}'>上传</a>\n";
                break;
        case UPLOAD_ERR_FORM_SIZE:
                    $err_msg = "文件超过页面最大上传限制.";
                break;
        case UPLOAD_ERR_CANT_WRITE:
                    $err_msg = "文件写入失败.请重新<a href='{$uploadPage}'>上传</a>\n";
                break;
        case UPLOAD_ERR_NO_TMP_DIR:
                    $err_msg = "没有临时文件夹.请重新<a href='{$uploadPage}'>上传</a>\n";
                break;
        case UPLOAD_ERR_OK:
                break;
        default:
            $err_msg = "未知错误.请重新<a href='{$uploadPage}'>上传</a>\n";
    }
    if(in_array($fileImg['type'],array('image/jpeg','image/jpg','image/PNG'))){
     $err_msg = "只允许上传.png 或.jpg 图片.请重新<a href='{$uploadPage}'>上传</a>\n";
    }
    if(!$err_msg){
     if(!move_uploaded_file($fileImg['tmp_name'], $dir.$fileImg['name'])){
            $err_msg = "移动文件失败.请重新<a href='{$uploadPage}'>上传</a>\n";
     }
    }
    if($err_msg){
     echo $err_msg;
    }else{
     echo "<img src='{$fileImg['name']}' alt='上传的文件' title='上传的文件' />";
     echo "上传成功";
    }
    ?>
```

文件上传成功后结果如图 8-2 所示。

图 8-2

如果文件过大，则会出现如图 8-3 所示的错误提示。

图 8-3

如果想在显示图片时指定图片的宽度和高度，可使用 imagesize() 函数获取。

8.1.3 同时上传多个文件

在实际应用中，有时需要批量上传文件，采用前面的方式一次只能上传一个文件。如何能够批量上传多个文件呢？

先看看下面示例的 HTML 代码，代码如下所示。

```html
<!DOCTYPE html PUBLIC "-//W3C//DTD XHTML 1.0 Transitional//EN"
         "http://www.w3.org/TR/xhtml1/DTD/xhtml1-transitional.dtd">
<html xmlns="http://www.w3.org/1999/xhtml">
<head>
<meta http-equiv="Content-Type" content="text/html; charset=gb2312">
<title>文件上传</title>
</head>
<body>
<form method="post" action="ftp.php" enctype="multipart/form-data">
请选择要上传的文件： <br>
<input type="hidden" name="MAX_FILE_SIZE" value="3000000" />
<input type="file" id="upfile1" name="upfile1[]"/><br/>
<input type="hidden" name="MAX_FILE_SIZE" value="3000000" />
```

```
<input type="file" id="upfile2" name="upfile1[]"/><br/>
<input type="hidden" name="MAX_FILE_SIZE" value="3000000" />
<input type="file" id="upfile3" name="upfile1[]"/><br/>
<input type="hidden" name="MAX_FILE_SIZE" value="3000000" />
<input type="file" id="upfile4" name="upfile1[]"/><br/>
<input type="hidden" name="MAX_FILE_SIZE" value="3000000" />
<input type="file" id="upfile5" name="upfile1[]"/><br/>
<input type="submit" value="上传" id="submit"/>
</form>
</body>
</html>
```

HTML 页面效果如图 8-4 所示。

图 8-4

在上面的程序中，可同时上传 5 个文件。在每一个 file 控件前面都要加上一个隐藏字段。同时每个 file 控件的 name 属性均采用 HTML 数组格式，即在值后面加"[]"。下面是使用 PHP 文件处理从客户端同时上传的多个文件，代码如下。

```php
<?php
$uploadPage = "ftp_test.html";
$dir = dirname(realpath(__FILE__)) . DIRECTORY_SEPARATOR;
$maxUploadSize = ini_get('upload_max_filesize');

$err_msg = false;

if(!isset($_FILES['upfile1'])){
    $err_msg = "表单不完全！请重新<a href='{$uploadPage}'>上传</a><br>";
    echo $err_msg;
    exit;
}

for($i=0;$i<5;$i++){
$fileImg = $_FILES['upfile1'];
```

```php
switch($fileImg['error'][$i]){
    case UPLOAD_ERR_INI_SIZE:
        $err_msg = $fileImg['name'][$i] ." 文件超过最大上传限制:$maxUploadSize <br>";
        break;
    case UPLOAD_ERR_PARTIAL:
        $err_msg = $fileImg['name'][$i] ." 文件上传不完全.请重新<a href=
                '{$uploadPage}'>上传
            </a><br>";
        break;
    case UPLOAD_ERR_NO_FILE:
        $err_msg = $fileImg['name'][$i] ." 没有选择文件.请重新<a href='{$uploadPage}'>
                上传
            </a><br>";
        break;
    case UPLOAD_ERR_FORM_SIZE:
        $err_msg = $fileImg['name'][$i] ." 文件超过页面最大上传限制.";
        break;
    case UPLOAD_ERR_CANT_WRITE:
        $err_msg = $fileImg['name'][$i] ." 文件写入失败.请重新<a href='{$uploadPage}'>
                上传
            </a><br>";
        break;
    case UPLOAD_ERR_NO_TMP_DIR:
        $err_msg = $fileImg['name'][$i] ." 没有临时文件夹.请重新<a href='{$uploadPage}'>
                上传
            </a><br>";
        break;
    case UPLOAD_ERR_OK:
        break;
    default:
    $err_msg = $fileImg['name'][$i] ." 未知错误.请重新<a href='{$uploadPage}'>上传
    </a><br>";
}
if(!in_array($fileImg['type'][$i],array('image/jpeg','image/pjpeg','image/png'))){
    $err_msg = "只允许上传.png 或.jpg 图片.请重新<a href='{$uploadPage}'>上传
    </a><br>";
}

if(!$err_msg){
    if(!move_uploaded_file($fileImg['tmp_name'][$i], $dir.$fileImg['name'][$i])){
        $err_msg = "移动文件失败$i.请重新<a href='{$uploadPage}'>上传</a><br>";
    }
}
```

```
    if($err_msg){
        echo $err_msg;
    }else{
        echo "<img src='{$fileImg['name'][$i]}' alt='上传的文件' title='上传的文件' />";
        echo "上传成功<br>";
    }
    $err_msg = false;
    }
    ?>
```

上传后如果指定的文件无效，则结果如图 8-5 所示。

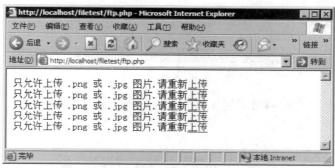

图 8-5

这个程序中，脚本文件夹接收从 HTML 表单上传的文件，并采用循环的方式检查每一个上传的文件，检测通过则显示该图片，否则显示错误信息。

 注意 -

　　在批量上传文件时，HTML 表单中 file 控件的 name 属性一定要采用 HTML 数组形式，这样在服务器端才方便对上传的文件进行处理。

8.1.4　文件的下载

在实际应用中，Web 服务器通常会提供文件下载功能。对于文件下载，只需要给出要下载文件所在的位置即可。

下面的示例演示了通过 PHP 进行文件的下载，代码如下所示。

```
<?php
$downdir = ".";
$dirHandle = @opendir($downdir);
while($filen = readdir($dirHandle)){
 if($filen <> "." && $filen <> "..")
    echo "<a href='$filen'>$filen</a><br>";
}
```

```
    closedir($dirHandle);
    ?>
```

程序运行结果如图 8-6 所示。

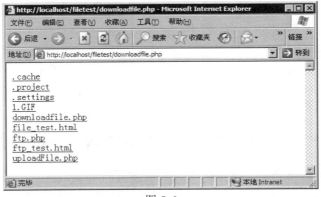

图 8-6

在这个程序中，采用遍历给定文件夹的方式将下载文件夹中的文件读出，然后再给出每个文件的链接地址。

8.2　PHP 错误类型

在程序开发中，难免会因为某种原因而产生错误。如何去避免、调试、修复错误并对程序可能发生的异常进行处理是一个程序员必备的能力。PHP 提供了良好的错误提示，在进行程序调试时可根据提示信息对错误进行排除。

在 PHP 程序开发中，通常会出现以下 5 种错误。

- 语法错误：在程序中使用了错误的语法而导致的错误。
- 语义错误：在程序中正确地使用了 PHP 的语法，但是没有任何意义，程序达不到预想的效果。
- 逻辑错误：在程序中使用的逻辑与实际上需要的逻辑不符。
- 注释错误：在程序中写的注释与该程序代码的意义不符。
- 运行错误：由于运行环境等原因而导致的错误。

在以上几种错误中，除最后一种是由于 PHP 所运行的环境原因等造成的以外，前面 4 种均是由程序开发人员造成的，因而这 4 种错误应该在程序开发中尽量避免。

8.2.1　语法错误

在程序中使用了错误的语法，会产生一个语法错误。

下面是语法错误的示例。

```
<?php
```

```
$number = 80;
$price = 5.5;
$sum = $number *" $price;    //使用了错误的语法
echo $sum;
?>
```

程序运行结果如图 8-7 所示。

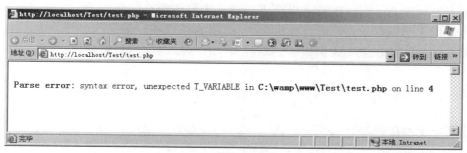

图 8-7

该错误为解析错误，具体在脚本文件的第 4 行，用户看到该错误时，可直接检查该行程序，一般情况下，错误就发生在该行。

8.2.2　语义错误

语义错误是在使用了正确语法的基础上，使用了错误的格式而导致的。

下面示例演示了语义错误的示例，代码如下。

```
<?php
$s1 = "中国";
$s2 = "湖北武汉";
$s3 = $s1 + $s2;    //这里使用了错误的字符串连接符
echo $s3
?>
```

在上面的程序中，错误地使用了"+"作为字符串连接符，因为 PHP 能够自动进行隐式变量类型转换，PHP 在解析时认为它是符合 PHP 的语法的，并不会提示出错。

8.2.3　逻辑错误

逻辑错误对于 PHP 来讲不是错误，因为语法、语义上没有任何问题，但是因为程序代码存在着逻辑的问题，进而导致程序得不到所期望的结果。

下面示例演示了逻辑错误的示例，代码如下。

```
<?php
$age = 10;
```

```
if($age > 18){      //判断年龄
  echo "未成年!";
}else{
  echo "已成年!";
}
?>
```

在上述程序中，程序本身从语法上和语义上讲都没有任何问题，并且能够得到结果，但是程序逻辑有问题，本来年龄小于 18 岁为未成年，但是程序却将大于 18 岁认为是未成年，这就产生了逻辑错误。这种错误在开发时应尽量避免。

8.2.4　注释错误

注释对于程序来讲是必不可少的。因为在分布式开发中，随时都有可能去读其他程序员编写的代码，如果没有注释，将会花费大量的时间去读懂别人的代码。另外，代码没有注释，后期的维护也是相当困难的。对于注释错误，比没有注释更加可怕，因为开发人员往往会只看注释不会再花时间去看代码。

下面示例演示了一个注释错误的示例，代码如下。

```
<?php
$age = 10;
if($age < 18){      //判断年龄是否大于 18
  echo "未成年!";
}else{
  echo "已成年!";
}
?>
```

上面程序中，显示注释和程序本身的逻辑不统一，虽然注释错误对于程序本没有任何影响，但是却影响以后对代码的维护与修改。

8.2.5　运行错误

运行错误与程序代码无关，它是由脚本运行的环境等因素造成的。
下面示例演示了运行错误，代码如下。

```
<?php
class Book {
  private $bookId;
  private $bookName;
  public function __construct($bookId,$bookName){
      $this->bookId=$bookId;
      $this->bookName=$bookName;
```

```
    }

    public function getBookId() {
        return $this->bookId;
    }

    public function getBookName() {
        return $this->bookName;
    }
}
$book1 = new Book();
echo "书本编号：".$book1->getBookId()."<br>";
echo "书本名称：".$book1->getBookName();
?>
```

上述程序中，创建一个对象 book1，但是没有给 bookId 和 bookName 赋值，所以调用时会产生错误。

8.3　PHP 错误处理

不管是程序引发的错误，还是环境因素引发的错误，默认情况下，PHP 都会给出提示信息。这些提示信息包含服务器的运行环境信息。在实际的 Web 环境中，将这些信息显示出来，必然给服务器带来安全隐患。因此，必须对可能出现的错误进行相应的处理。

8.3.1　错误级别

PHP 中的错误是通过一个错误级别来进行划分的。从最基本的通告到最严重的错误，错误级别标识着所产生的错误的严重性。表 8-4 所示列出了错误级别的种类。

表 8-4

级　　别	描　　述
E_ERROR	这是一个严重错误，不可恢复，如位置异常、内存不足等
E_WARNING	警告，最一般的错误，如函数的参数错误等
E_PARSE	解析错误，在解析 PHP 文件时产生，并强制 PHP 在执行前退出
E_STRICT	这个错误级别是唯一不包含在 E_ALL 常量中的，主要是为了便于兼容 PHP 的低版本
E_NOTICE	通常表示可能在操作一些未知的变量等
E_CORE_ERROR	这个内部错误是由于 PHP 加载扩展失败而导致的，并且会导致 PHP 停止运行并退出

(续表)

级　别	描　述
E_COMPILE_ERROR	编译错误是在编译时发生的，这个错误将导致 PHP 运行退出
E_COMPILE_WARNING	编译警告用于告诉用户一些不推荐的语法信息
E_USER_ERROR	用户定义的错误将导致 PHP 退出执行。它不是来自 PHP 本身，而是来自脚本文件中
E_USER_WARNING	脚本使用它来通知一个执行失败，同时 PHP 也会用 E_WARNING 通知
E_USER_NOTICE	用户定义的通告用于在脚本中表示可能发生的错误

8.3.2　php.ini 对错误处理的设置

PHP 的环境几乎都是在 php.ini 文件中进行设置，有两项关于错误处理的设置：一是 display_errors，另一个是 error_reporting。前一个变量用来告诉 PHP 是否显示错误，它的默认值是 off，即不显示错误信息，如果设置为 true，将显示错误信息。后一个变量是告知 PHP 如何显示提示信息，默认值为 E_ALL&～E_NOTICE，即显示除提示信息外的所有错误信息。

对于开发环境，为了便于程序的调试，可将 php.ini 的相应项改成如下值。

```
display_errors = on
error_reporting = E_ALL&～E_NOTICE
```

对于实际的 Web 环境，可将 php.ini 的相应项设为如下值。

```
display_errors = off
error_reporting = E_ALL
```

修改以后，重启 apache 服务器即可。除了可在 php.ini 文件进行设置以外，还可以在程序开头使用 error_reporting()函数进行设置。该函数的参数与 php.ini 文件中的一样。

8.3.3　错误处理

在程序中，因各种原因可能导致的错误，PHP 都会给出相应的提示信息。而对于错误信息的处理，除了可采用在 php.ini 文件中进行设置的方法外，还可以直接在程序中进行设置。

1. 错误信息的隐藏

对于将整个系统可能产生的错误信息进行隐藏，可采用 error_reporting()函数进行设置。下面示例演示了如何隐藏所有错误信息，代码如下所示。

```php
<?php
error_reporting(0);      //使用函数 error_reporting()隐藏所有提示信息
```

```php
class Book {
 private $bookId;
 private $bookName;
 public function __construct($bookId,$bookName){
     $this->bookId=$bookId;
     $this->bookName=$bookName;
 }

 public function getBookId() {
     return $this->bookId;
 }

 public function getBookName() {
     return $this->bookName;
 }
}
echo "书本编号：".$book1->getBookId()."<br>";
echo "书本名称：".$book1->getBookName();
?>
```

上面的代码中，使用 error_reporting(0)函数隐藏了所有提示信息，因此即使程序中产生错误，也不会显示出错信息。显示效果大家可以自行运行看一看。

对于单条语句可能产生的错误信息的隐藏，可采用在语句前加"@"符号进行隐藏。下面修改上例代码演示采用"@"符号隐藏单条语句可能产生的错误，代码如下所示。

```php
<?php
class Book {
 private $bookId;
 private $bookName;
 public function __construct($bookId,$bookName){
     $this->bookId=$bookId;
     $this->bookName=$bookName;
 }

 public function getBookId() {
     return $this->bookId;
 }

 public function getBookName() {
     return $this->bookName;
 }
}
```

```
echo "书本编号：".@$book1->getBookId()."<br>";   //使用@符号隐藏可能产生的错误信息
echo "书本名称：".@$book1->getBookName();
?>
```

2. 超时错误的处理

对于 Web 系统而言，很多时候可能因为网速太慢或者进行了过多的操作，处理时间超过了 apache 服务器所设置的最长超时时间。此时 apache 服务器将中断连接，并抛出类似如图 8-8 所示的错误信息。

图 8-8

出现了超时错误后，其后的代码将不会被执行。因此，可以在一些可能会超时的脚本中进行处理，让程序能够正常运行。通常采用的方法就是采用 set_time_limit()函数来延长脚本的运行时间。其语法格式如下所示。

```
Void set_time_limit(int $seconds)
```

其中，参数 seconds 为要延长的秒数。该函数没有返回值。

下面示例演示了 set_time_limit 函数的应用，代码如下所示。

```
<?php
set_time_limit(1);
for($i=0;;$i++){
 if($i % 50000 == 0){
      echo $i."<br>";
      set_time_limit(1);
 }
 if($i >= 5000000) exit();
}
?>
```

在上面的程序中，用户可自行将第二个 set_time_limit()函数去掉，然后运行程序，就会出现前面所讲的超时错误信息。

8.4　PHP 错误处理

在 PHP 中，异常处理是使用关键字 try、catch 和 throw 来实现的。将需要进行异常处理的代码放入 try 代码块内，以便捕获可能存在的异常。每一个 try 语句必须至少有一个 catch 语句与之对应，catch 语句用于捕获异常。使用多个 catch 语句可以捕获不同类所产生的异常。throw 用于抛出异常。语法如下。

```
Try{
    …
        Throw new Exception($error);
}catch(FirstException $exception){
    …
}catch(SecondException $exception){
    …

}
```

其中，在 try 和 catch 之间放置可能发生异常的代码，当检测到异常时，便使用 throw 关键字抛出异常，catch 语句用于捕获所抛出的异常。可以看出，每一个 try 语句至少有一个 catch 语句与之对应。实际上，在应用中可以使用多个 catch 关键字与之对应，以捕获不同类所引起的异常。多个 catch 关键字会按顺序执行，直到所有异常捕获完成。

Throw 语句只能够抛出对象。它不能抛出任何其他的基础数据类型，如字符串或数组。PHP 内置了一个异常处理类 Exception，所有自己使用的异常类都必须从它继承出来。如果尝试抛出一个不是由 Exception 类继承的类，将得到一个运行错误。

1. 异常类

异常类是 PHP 内置的异常处理类，该类的定义如下。

```php
<?php
class Exception{
    protected $message = 'Unknown exception';    //异常信息
    protected $code = 0 ;                         //用户自定义异常代码
    protected $file;                             //发生异常的文件名
    protected $line;                            //发生异常的代码行号

    function _construct($message = null , $code = 0);

    final function getMessage();                //返回异常信息
    final function getCode();                   //返回异常代码
    final function getFile();                   //返回发生异常的文件名
```

```
        final function getLine();              //返回发生异常的代码行号
        final function getTrace();             //backtrace()数组
        final function getTraceAsString();     //已格式化成字符串的 getTrace()信息
        function  _toString();                 //可重载的方法和输出的字符串
    }
    ?>
```

异常处理类用于在脚本发生异常时建立异常对象，该对象将用于存储异常信息并用于抛出和捕获。在准备抛出异常时，需要建立异常对象。其语法格式如下。

```
$except = new Exception([string $errmsg[,int $errcode]]);
```

其中，参数 errmsg 为用户自定义的错误信息，errcode 为表示用户自定义的异常代码。

下面示例利用异常类进行异常处理，代码如下。

```php
<?php
class NullHandleException extends Exception
{
function __construct($msg)
{
    parent::__construct($msg);
}
}
function printObj($obj)
{
if($obj == null){
    throw new NullHandleException("空对象.");
}
print $obj . "<br>";
}
class Student{
private $name;
function __construct($name)
{
    $this->name = $name;
}
function __toString()
{
    return $this->name;
}
}
try{
printObj(new Student("张明"));          //调用函数
printObj(NULL);
```

```
      printObj(new Student("王二小"));
    } catch(NullHandleException $exception){          //捕获异常
      echo $exception->getMessage();
    } catch(Exception $exception){                     //这里没有任何语句, 不会执行
    }
    ?>
```

程序代码运行结果如图 8-9 所示。

图 8-9

2. 设置异常处理函数 set_exception_handler()

在实际的应用中, 除了捕获可能发生的异常外, 还可以设置一个函数来处理一些可能没有被获取的异常。PHP 提供了 set_exception_handler()函数设置异常处理函数, 其语法格式如下。

```
string set_exception_handler(callback $exception_handler)
```

其中, 参数 exception_handler 是用于处理未被捕获异常的函数名。函数设置成功时返回先前定义的异常处理函数名, 失败时返回 null, 如果未定义用于捕获异常的函数, 也会返回 null。

用于处理未被捕获的异常函数的语法格式如下所示。

```
function exception_handler($exception){     //参数 exception 为异常对象
}
```

下面示例演示了设置异常处理函数, 代码如下所示。

```php
<?php
class ExceptionTest {
  public function __construct() {
      @set_exception_handler(array($this, 'exception_handler'));//设置异常处理函数
      throw new Exception(__CLASS__);//使用魔术常量_CLASS_, 即抛出异常的消息为类
          名称
  }
  public function exception_handler($exception) {                //定义异常处理函数
      print "异常信息: ". $exception->getMessage() ."<br>";
```

```
        print "异常代码: " . $exception->getCode() . "<br>";
        print "文件名: " . $exception->getFile() . "<br>";
        print "异常所在行: " . $exception->getLine() . "<br>";
        print "追踪路线: ";print_r($exception->getTrace());;
        print $exception->getTraceAsString() . "<br>";
    }
}
$e = new ExceptionTest;
?>
```

在上述程序中，用户自定义异常处理函数中展示了完整的异常信息。在实际的系统开发中，可采用此种方式显示所有异常信息，对于程序的调试大有益处。

8.5 PHP 程序的调试

在 PHP 开发中，不可避免地会对程序进行调试。要进行调试，首先必须打开错误报告，再由相应的语句输出信息至屏幕，并根据这些信息找出并修复程序中可能存在的错误。

1. 使用 ECHO 进行调试

在开发中，当程序出现警告或错误时，打开错误报告查看错误信息是很好的调试方式。但是当程序没有语法错误时，程序由于某种原因而得不到期望的结果，采用查看错误报告的方式就不能进行调试了。此时需要查看中间变量的值，一步步进行跟踪调试。

下面示例通过查看中间变量的值进行调试，代码如下。

```php
<?php
$num_1 = 109;
echo '$num_1 = ' . $num_1 . "<br>";
$num_2 = 300;
echo '$num_2 = ' . $num_2 . "<br>";
$sum = $num_1 + $num_2;
echo '100 + 300 = ' . $sum;
?>
```

在上面的程序中，采用逐行输出变量值的方式进行调试。通过程序输出内容，可以很容易地看出程序的错误在第一个变量。程序运行结果如图 8-10 所示。

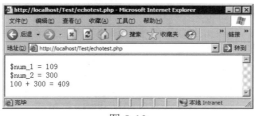

图 8-10

　　这个程序很简单，几乎可以直接看出程序错在哪里。但如果是逻辑复杂的程序，就不容易直接看出，也不可能一步步输出变量值进行追踪调试，这时可采用下面的方法进行调试。

2. 使用 die()进行调试

　　对于一些逻辑相对简单的程序，可首先粗略地判断错误出在哪一段，再从该段输出相关变量的值，根据输出的变量值一步步找出程序中存在的问题。但是对于一些逻辑复杂的程序而言，采用这种方法不足以满足要求，此时可使用 die()语句进行调试。die()语句会中止程序执行，并在浏览器上显示文本。如果不想注释掉代码，只想显示到出错之前的信息和出错信息，那么 die()语句特别有用。

　　下面示例使用了 die()进行程序的调试，代码如下。

```php
<?php
$num = 100;
$mod = 5;
for ($i = 0; $i < $num; $i++){
 if ($i % $mod == 3) {
     die("Error on " . " File: " . __FILE__ . " on line: " . __LINE__);
 }
}
?>
```

程序运行结果如图 8-11 所示。

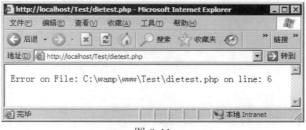

图 8-11

　　在上面程序中，使用 die()语句对程序进行调试。当发生错误时，程序将在错误发生处中止执行，并在浏览器显示出错信息。根据所提示的错误信息就可以快速地定位于错误行，并进行修改。

8.6　使用 ZendStudio 进行调试

　　前面讲到了直接在程序中输出中间变量的值或输出错误信息的方法进行 PHP 程序的调试。其实除了这种直接的方法以外，还可以借助于第三方的工具进行调试。如 PHPEclipse、ZendStudio 等专业的 IDE 开发工具，都具有实时调试的功能。

在 ZendStudio for Eclipse 中进行调试的步骤如下。

(1) 在需要进行调试的地方设置断点。设置断点是通过将光标移动到要设置断点的行,再选择菜单中的 run→Toggle Line Breakpoint 命令实现,也可以双击要设置断点的行左侧。设置后该行左侧将出现一个蓝色小圆点。

(2) 选择菜单栏中的 run→Debug 命令开始进行调试。

(3) 在"调试"选项卡下可以看到进程在设置了断点的行时就暂停了。此时可以通过单步执行进行程序的调试。

在"Browser Output"和"Debug Output"选项卡下可以实时看到程序的输出结果,图 8-12 为 Browser Output 选项卡显示内容,图 8-13 是 Debug Output 的值的实时跟踪窗口。

图 8-12

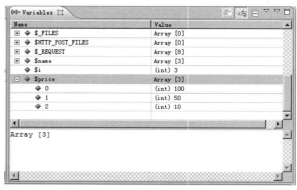

图 8-13

【单元小结】

- PHP 可以进行单文件和多文件上传
- PHP 中的异常类型及处理方式

【单元自测】

1. 以下哪个比较将返回 true? (双选)(　　　)
   A. '1top' == '1'　　　　　　　　　　　　　B. 'top' == 0
   C. 'top' === 0　　　　　　　　　　　　　　D. 123 == '123'

2. 如果用+操作符把一个字符串和一个整型数字相加,结果将怎样?(　　　)
   A. 解释器输出一个类型错误
   B. 字符串将被转换成数字,再与整型数字相加
   C. 字符串将被丢弃,只保留整型数字

D. 字符串和整型数字将连接成一个新字符串

3. 考虑如下脚本。假设 http://www.php.net 能被访问，脚本将输出什么？（　　）

```php
<?php
$s = file_get_contents ("http://www.php.net");
strip_tags ($s, array ('p'));
echo count ($s);
?>
```

A. www.php.net 的主页的字符数

B. 剔除标签后的 www.php.net 主页的字符数

C. 1

D. 0

4. 在不把文件内容预加载到变量中的前提下，如何解析一个以特殊格式格式化过的多行文件？（　　）

A. 用 file()函数把它分割放入数组　　　　　　B. 用 sscanf()

C. 用 fscanf()　　　　　　　　　　　　　　　D. 用 fgets()

【上机实战】

上机目标

- 练习将文件上传
- PHP 中的异常类型及处理方法

上机练习

◆　第一阶段　◆

练习：练习实现文件的上传功能。

【问题描述】

在实际应用中，有时需要用户从本地上传文件至服务器进行处理，下面的示例将练习上传照片到服务器。

编写代码实现如图 8-14 所示的上传功能。

图 8-14

HTML 参考代码如下。

```
<!DOCTYPE html PUBLIC "-//W3C//DTD XHTML 1.0 Transitional//EN"
         "http://www.w3.org/TR/xhtml1/DTD/xhtml1-transitional.dtd">
<html xmlns="http://www.w3.org/1999/xhtml">
<head>
<meta http-equiv="Content-Type" content="text/html; charset=gb2312">
<title>文件上传</title>
</head>
<body>
<form method="post" action="upload.php" enctype="multipart/form-data">
<table align="center">
<tr>
    <td>用户名：</td>
    <td><input type="text" name="name"></td>
</tr>
<tr>
    <td>密码：</td>
    <td><input type="password" name="pwd"></td>
</tr>
<tr>
    <td>请选择照片：</td>
    <td><input type="hidden" name="MAX_FILE_SIZE" value="30000" />
<input type="file" id="upfile" name="upfile"/>
<input type="submit" value="上传" id="submit"/></td>
</tr>
</table>
</form>
</body>
</html>
```

◆ 第二阶段 ◆

练习：扩展的异常处理类。

【问题分析】

(1) 通常，在应用中可能存在着多种异常，如果所有异常都使用同一个异常类或者异常处理函数去获取异常，将不利于问题的解决。为此，通常是根据异常的类型不同而定义不同的自定义异常处理类。这些自定义异常处理类都继承自 PHP 自带的异常类 Exception。

(2) 下面的程序中，定义了两个文件操作类，并于 try 语句内调用文件检测函数进行检测，在 catch 语句中抛出可能发生的异常，并针对不同的异常获取不同的异常信息。

程序代码如下。

```php
<?php
class FileExistsException extends Exception{}
class FileOpenException extends Exception{}
function openFile($file)
{
 if(!file_exists($file))
 {
      throw new FileExistsException("文件不存在！请确认文件是否存在！\n",1);
 }
 if(!fopen($file,"r"))
 {
      throw new FileOpenException("文件无法打开！请确认文件是否有可读权限！\n",2);
 }
}
$file = "test.html";
try
{
 openFile($file);
}catch(FileExistsException $exception){
 echo "程序异常：" . $exception->getMessage();
}catch(FileOpenException $exception){
 echo "程序异常：" . $exception->getMessage();
}catch(Exception $exception){
 print "异常信息: ". $exception->getMessage() ."\n";
 print "异常代码: ". $exception->getCode() . "\n";
```

```
    print "文件名：" . $exception->getFile() . "\n";
    print "异常所在行：" . $exception->getLine() . "\n";
    print "追踪路线：";print_r($exception->getTrace());;
    print $exception->getTraceAsString() . "\n";
    }
    ?>
```

程序运行结果如图 8-15 所示。

图 8-15

【拓展作业】

1. 写一段代码，读取当前目录下的 update 目录中的所有文件并显示。
2. 写一段代码，调用系统函数，显示当前页面的所有错误。
3. 写一段代码，使用特殊字符，屏蔽当前行可能出现的错误。
4. 请描述一下，使用 PHP 进行文件上传和下载的关键步骤和代码。

文件上传：
关键步骤一：
关键步骤二：
关键步骤三：
关键步骤四：
关键步骤五：
关键代码一：
关键代码二：
关键代码三：
关键代码四：
关键代码五：

文件下载：
关键步骤一：
关键步骤二：
关键步骤三：

关键步骤四：
关键步骤五：
关键代码一：
关键代码二：
关键代码三：
关键代码四：
关键代码五：

单元 九

PHP 操作 MySQL 数据库

课程目标

- ▶ 了解 PHP 连接 MySQL 数据库的方法
- ▶ 掌握 PHP 对 MySQL 中的数据进行操作的方法

 **简 介**

在用户能够访问并处理数据库中的数据之前,必须创建到达数据库的连接。在 PHP 中,这个任务通过 mysql_connect()函数完成。脚本一结束,就会关闭连接。如需提前关闭连接,请使用 mysql_close()函数。本单元重点介绍如何连接数据库和 PHP 在 MySQL 中实现数据操作。

9.1 PHP 访问 MySQL 数据库

在 PHP 中,支持对多种数据库的操作,且提供了相关的数据库连接函数或操作函数。特别是 PHP 与 MySQL 数据库的组合,PHP 提供了强大的数据库操作函数,读者可直接在 PHP 中使用这些函数进行数据库的操作。与原来学过的 Java、C#访问数据库一样,操作数据库,首先需要进行数据库的连接,然后选择需要进行操作的数据库,再执行相关的数据库操作,最后需要关闭所建立的数据库连接。下面对在 PHP 中如何进行数据库的操作进行详细的讲解。

9.1.1 连接 MySQL 数据库

在 PHP 中,要对数据库进行操作,首先需要连接数据库。连接数据库可使用 mysql_connect()函数。

mysql_connect()函数的定义和用法如下。

● mysql_connect()函数打开非持久的 MySQL 连接。

语法如下。

```
mysql_connect(server,user,pwd,newlink,clientflag)
```

其中,各参数说明如表 9-1 所示。

表 9-1

参 数	描 述
server	可选。规定要连接的服务器。可以包括端口号,例如"hostname:port",或者到本地套接字的路径,例如对于 localhost 的":/path/to/socket"。如果 PHP 指令 mysql.default_host 未定义(默认情况),则默认值是'localhost:3306'
user	可选。用户名。默认值是服务器进程所有者的用户名
pwd	可选。密码。默认值是空密码
newlink	可选。如果用同样的参数第二次调用 mysql_connect(),将不会建立新连接,而将返回已经打开的连接标识。参数 new_link 改变此行为并使 mysql_connect()总是打开新的连接,甚至 mysql_connect()曾在前面被用同样的参数调用过

(续表)

参　　数	描　　述
clientflag	可选。client_flags 参数可以是以下常量的组合： MYSQL_CLIENT_SSL—使用 SSL 加密 MYSQL_CLIENT_COMPRESS—使用压缩协议 MYSQL_CLIENT_IGNORE_SPACE—允许函数名后的间隔 MYSQL_CLIENT_INTERACTIVE—允许关闭连接之前的交互超时非活动时间

返回值：如果成功，则返回一个 MySQL 连接标识，失败则返回 FALSE。

提示

脚本一结束，到服务器的连接就被关闭，除非之前已经明确调用 mysql_close()关闭了。

提示

要创建一个持久连接，请使用 mysql_pconnect()函数。

下面示例演示了在 PHP 脚本中进行 MySQL 数据库服务器的连接，代码如下。

```php
<?php
$con = mysql_connect("localhost","root","");
if (!$con)
{
    //die()函数输出一条消息，并退出当前脚本。它是 exit()函数的别名
    die('不能连接，' . mysql_error());    //mysql_error()函数返回上一个 MySQL 函数的错
        误文本，如果没有出错则返回 "(空字符串)
}
// 关闭数据库连接...
mysql_close($con);
?>
```

上面的代码使用了 mysql_connect()函数连接本地 MySQL 数据库服务器，连接用户名为 root，密码为空。

在实际应用中，通常在多个脚本文件中都需要进行数据库的连接，此时为了维护方便和节省代码，可将数据库连接放在一个单独的文件中，在需要使用数据库连接的脚本中使用 include()函数或 require()函数引用该文件。

9.1.2　断开与 MySQL 数据库的连接

通常在完成数据库的使用后，需要断开与 MySQL 数据库服务器的连接。通常使

用 mysql_close()函数来断开与 MySQL 数据库服务器的连接，语法如下。

```
mysql_close(link_identifier)
```

其中，各参数说明如表 9-2 所示。

表 9-2

参　数	描　述
link_identifier	必需。MySQL 的连接标识符。如果没有指定，默认使用最后被 mysql_connect()打开的连接。如果没有找到该连接，函数会尝试调用 mysql_connect()建立连接并使用它。如果发生意外，没有找到连接或无法建立连接，系统发出 E_WARNING 级别的警告信息

返回值：如果成功则返回 true，失败则返回 false。

 提示

通常不需要使用 mysql_close()，因为已打开的非持久连接会在脚本执行完毕后自动关闭。mysql_close()不会关闭由 mysql_pconnect()建立的持久连接。

下面演示了在 PHP 脚本中关闭一个由 mysql_connect()函数所建立的数据库连接。代码如下。

```php
<?php
$con = mysql_connect("localhost","mysql_user","mysql_pwd");
if (!$con)
{
    die('连接失败，原因：' . mysql_error());
}

// 一些代码...

mysql_close($con);
?>
```

上面的代码使用了 mysql_close()函数关闭一个已创建的非持久数据连接。

虽然在前面已讲过，创建数据库连接的脚本一结束，其数据库连接自动关闭。但是从节省服务器资源层面上讲，在使用完数据库连接后，使用 mysql_close()函数关闭数据库连接能更有效地节省服务器资源。

9.1.3 选择和使用 MySQL 数据库

在进行数据库的连接后，需要在 PHP 脚本中选择需要进行操作的 MySQL 数据库。

可使用 mysql_select_db()函数，语法如下。

```
mysql_select_db(database,connection)
```

mySQL select_db()函数的定义和用法如下。

● mysql_select_db()函数设置活动的 MySQL 数据库。

返回值：如果成功，则该函数返回 true。如果失败，则返回 false。

其中的各参数说明如表 9-3 所示。

表 9-3

参　　数	描　　述
database	必需。规定要选择的数据库
connection	可选。规定 MySQL 连接。如果未指定，则使用上一个连接

下面示例演示了在 PHP 脚本中选择 MySQL 数据库服务器上的数据库，代码如下。

```php
<?php
$con = mysql_connect("localhost", "root", "");
if (!$con)
{
   die('数据库连接失败：  ' . mysql_error());
}

$db_selected = mysql_select_db("bookDb", $con);//返回值为 true 或 false

if (!$db_selected)
{
   die ("选择的数据库不存在或不可用  : " . mysql_error());
}

mysql_close($con);
?>
```

在上面的代码中，使用当前数据库连接选择 bookDb 数据库作为活动数据库，对数据库的所有操作都将作用于该活动数据库。大家可以看到，这时选择数据库作为当前活动数据库，其实就相当于在 MySQL 中执行 use 命令。

9.1.4　执行 MySQL 指令

进行数据库的操作，在 PHP 中需要使用一个函数来执行 MySQL 指令，这就是 mysql_query()函数，语法如下。

```
mysql_query(query,connection)
```

mysql_query()函数的定义和用法如下。

● mysql_query()函数执行一条 MySQL 查询。

其中的各参数说明如表 9-4 所示。

表 9-4

参 数	描 述
query	必需。规定要发送的 SQL 查询。注释：查询字符串不应以分号结束
connection	可选。规定 SQL 连接标识符。如果未规定，则使用上一个打开的连接

 说明

如果没有打开的连接，本函数会尝试无参数调用 mysql_connect()函数来建立一个连接并使用。

返回值：mysql_query()仅对 SELECT、SHOW、EXPLAIN 或 DESCRIBE 语句返回一个资源标识符，如果查询执行不正确则返回 false。对于其他类型的 SQL 语句，mysql_query()在执行成功时返回 true，出错时返回 false。

非 false 的返回值意味着查询是合法的并能够被服务器执行。这并不能说明任何有关影响到的或返回的行数。很有可能一条查询执行成功了但并未影响到或并未返回任何行。

 提示

该函数自动对记录集进行读取和缓存。如需运行非缓存查询，请使用 mysql_unbuffered_query()。

示例 1：通过 mysql_query()函数创建一个新数据库。

```php
<?php
$con = mysql_connect("localhost","mysql_user","mysql_pwd");
if (!$con)
{
    die('无法连接： ' . mysql_error());
}
$sql = "CREATE DATABASE my_db";
if (mysql_query($sql,$con))
{
    echo "数据库 my_db 创建成功!";
}
else
{
    echo "数据库创建过程中发生问题: " . mysql_error();
```

```
        }
    ?>
```

除了 mysql_query()函数能够执行 SQL 语句外，PHP 还提供了另一个函数 mysql_db_query()。该函数与 mysql_query()函数具有相同的功能，其区别在于 mysql_db_query()函数在执行 SQL 语句时可以同时选择数据库。

示例 2：执行查询语句。

```
<?php  $con = mysql_connect("localhost","mysql_user","mysql_pwd");
if (!$con) {
die('无法连接：' . mysql_error());
}
$sql = "SELECT * FROM Person";
mysql_query($sql,$con);
// 一些代码
mysql_close($con);
?>
```

9.1.5　操作结果集

1. 获取影响的行数

在每一次成功执行 SQL 查询后，mysql_query()函数总是会返回一个结果集。要对结果集进行处理，首先需要获取所执行的 SQL 语句影响的行数。

对于结果集中包含的记录数，可使用 mysql_num_rows()函数获取。语法格式如下。

```
mysql_num_rows(data)
```

其中的各参数及说明如表 9-5 所示。

表 9-5

参　　数	描　　述
data	必需。结果集。该结果集从 mysql_query()的调用中得到

说明 ------------------------------

　　mysql_num_rows()返回结果集中行的数目。此命令仅对 SELECT 语句有效。要取得被 INSERT、UPDATE 或者 DELETE 查询所影响到的行的数目，用 mysql_affected_rows()。

其中，参数 data 为函数 mysql_query()所返回的结果集。函数返回结果集中的记录数。

下面演示了在 PHP 脚本中获取结果集中的记录数，代码如下。

```php
<?php
@mysql_connect("localhost","root","") or die("数据库连接失败");
@mysql_select_db("bookdb") or die("选择的数据库不存在或不可用");
mysql_query("set names gb2312");
$myquery = @mysql_query("select * from bookInfo");
$rowscnt = mysql_num_rows($myquery);
echo "结果集中的行数为：".$rowscnt;
mysql_close();
?>
```

如果在 mysql_query()函数中使用 INSERT、UPDATE 和 DELETE 语句，应使用 mysql_affected_rows()函数获取所影响到的记录数，其语法如下。

mysql_affected_rows(link_identifier)

其中的各参数说明如表 9-6 所示。

表 9-6

参　　数	描　　述
link_identifier	必需。MySQL 的连接标识符。如果没有指定，默认使用最后被 mysql_connect() 打开的连接。如果没有找到该连接，函数会尝试调用 mysql_connect()建立连接 并使用它。如果发生意外，没有找到连接或无法建立连接，则系统会发出 E_WARNING 级别的警告信息

其中，参数 link_identifier 为已打开的数据库连接标识符。如果未设置该参数，函数默认使用上一次所打开的数据库连接；如果未找到连接，函数将尝试以无参数方式调用 mysql_connect()函数建立数据库连接并使用；如果发生意外，如找不到数据库连接或创建数据库连接失败时，将产生一条警告信息。

函数返回由参数 link_identifier 所关联的数据库连接进行的 INSERT、UPDATE 和 DELETE 语句所影响到的行数。函数执行成功则返回最近一次操作所影响的行数，若最近一次查询失败，则返回-1。在使用 UPDATE 语句时，MySQL 不会将原值与新值一样的列进行更新，因此该函数所返回的值不一定就是使用 mysql_query()函数所影响到的行数，此时只是返回真正被更新的行数。

2. 获取结果集中的数据

要显示使用 mysql_query()函数所返回的结果集，首先需获取结果集中的数据，获取结果集中的某一条数据使用 mysql_result()函数，语法如下。

mysql_result(data,row,field)

其中的各参数及说明如表 9-7 所示。

表 9-7

参　数	描　述
data	必需。规定要使用的结果集。该标识符是 mysql_query()函数返回的结果集
row	必需。规定行号。行号从 0 开始
field	可选。规定获取哪个字段。可以是字段偏移值、字段名或 table.fieldname 如果该参数未规定，则该函数从指定的行获取第一个字段

下面示例演示了在 PHP 脚本中显示某一条记录，代码如下。

先在 MySQL 中创建 bookInfo 表，并插入测试数据如图 9-1 所示。

	booId	bookName	bookAuthor	bookPrice
☐	101	PHP怎么学	毛利	38.5
☐	102	我的大学	coco	54.5
☐	103	酷炫的医生	程康	55.3
*	(Auto)	(NULL)	(NULL)	(NULL)

图 9-1

后面的代码将以此表为基础进行增、删、改、查操作。

```php
<?php
@mysql_connect("localhost","root","123456") or die("数据库连接失败！");
@mysql_select_db("bookdb") or die("选择的数据库不存在或不可用!");
mysql_query("set names gb2312");
$myquery = @mysql_query("select * from bookInfo") or die("SQL 语句执行失败!");
//下面使用 mysql_result()函数获取结果集中第一行的数据信息
echo "图书编号:" . mysql_result($myquery, 0, 0) . "<br>";
echo "图书名称:" . mysql_result($myquery, 0, 1) . "<br>";
echo "图书作者:" . mysql_result($myquery, 0, 2) . "<br>";
echo "图书价格:" . mysql_result($myquery, 0, 3) . "<br>";
mysql_close();
?>
```

上面代码显示的结果如图 9-2 所示。

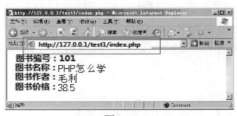

图 9-2

上面的代码实现了获取结果集中的某一行数据，结合使用 mysql_num_rows 函数所返回的行数，可以输出结果集中的所有数据。

下面示例演示了返回结果集中的所有信息，代码如下。

```php
<?php
@mysql_connect("localhost","root","123456") or die("数据库连接失败！");
@mysql_select_db("bookdb") or die("选择的数据库不存在或不可用!");
mysql_query("set names gb2312");
$myquery = @mysql_query("select * from bookInfo") or die("SQL 语句执行失败!");
$rowscnt = mysql_num_rows($myquery);
echo "<table border=\"1\"><tr><th>图书编号</th><th>图书名称</th><th>图书作者
    </th><th>图书价格</th></tr>";
for($i=0; $i < $rowscnt; $i++){
echo "<tr><td>" . mysql_result($myquery, $i, 0) . "</td>";
echo "<td>" . mysql_result($myquery, $i, 1) . "</td>";
echo "<td>" . mysql_result($myquery, $i, 2) . "</td>";
echo "<td>" . mysql_result($myquery, $i, 3) . "</td>";
}
echo "</table>";
mysql_close();
?>
```

运行结果如图 9-3 所示。

图书编号	图书名称	图书作者	图书价格
101	PHP怎么学	毛利	38.5
102	我的大学	coco	54.5
103	酷炫的医生	程康	55.3

图 9-3

9.2 操作 MySQL 数据库中的数据

在 Web 中，常常需要用户在浏览器上通过表单对数据库中的数据进行操作，如添加数据记录、更新数据记录和删除数据记录等。下面将对用户在 HTML 表单上对数据进行操作，然后提交到服务器并使用 mysql_query()函数执行 SQL 语句的方式操作数据进行详细讲解。

9.2.1 添加数据

服务器在接收到用户的数据后，采用 mysql_query()函数执行相应的 insert 语句，将用户输入的数据添加到数据库。

下面将演示一个完整的添加数据过程，HTML 页面代码如下。

```
<!DOCTYPE html PUBLIC "-//W3C//DTD XHTML 1.0 Transitional//EN" "http://www.
w3.org/TR/xhtml1/DTD/xhtml1-transitional.dtd">
<html xmlns="http://www.w3.org/1999/xhtml">
<head>
<meta http-equiv="Content-Type" content="text/html; charset=gb2312" />
<title>添加数据</title>
</head>

<body>
<!--这里指示将表单提交到 addBook.php 页面中-->
<form id="form1" name="form1" method="post" action="addBook.php">
  <table width="512" border="1" align="center">
  <caption><font size="5"><b>添加图书信息</b></font></caption>
    <tr>
      <td width="112">图书编号：</td>
      <td width="400"><input name="bookId" type="text" id="bookId" /></td>
    </tr>
    <tr>
      <td>图书名称：</td>
      <td><input name="bookName" type="text" id="bookName" /></td>
    </tr>
    <tr>
      <td>图书作者：</td>
      <td><input type="text" name="bookAuthor" id="bookAuthor"    /></td>
    </tr>
    <tr>
      <td>图书价格：</td>
      <td><input name="bookPrice" type="text" id="bookPrice"/></td>
    </tr>
    <tr>
      <td> </td>
      <td><input type="submit" name="submit" id="submit" value="提交" /></td>
    </tr>
  </table>
</form>
</body>
</html>
```

在页面上添加数据，单击"提交"按钮后跳转到"addBook.php"页面进行处理，如图 9-4 所示。

添加图书信息	
图书编号：	105
图书名称：	西游记
图书作者：	吴承恩
图书价格：	80
	提交

图 9-4

PHP 页面代码如下。

```php
<?php
$bookId = $_POST['bookId'];
$bookName = $_POST['bookName'];
$bookAuthor = $_POST['bookAuthor'];
$bookPrice = $_POST['bookPrice'];
$ins_sql = "insert into bookInfo values('$bookId', '$bookName', '$bookAuthor', '$bookPrice')";
@mysql_connect("localhost","root","") or die("数据库连接失败！");
@mysql_select_db("bookDb") or die("选择的数据库不存在或不可用!");
mysql_query("set names gb2312");
$myquery = mysql_query($ins_sql);
if($myquery){
 echo "插入数据成功！";
}else{
 echo "插入数据失败！";
}
mysql_close();
?>
```

添加成功界面，如图 9-5 所示。

图 9-5

9.2.2 修改数据

先创建一个查询的 PHP 页面 browseBookInfo.php，代码如下。

```
<script language="javascript">
function chk(id){
 if(confirm("确定要删除该资料？")){
     window.location="deleteBookAction.php?id="+id;
    }else{
     return false;
    }
}
</script>
<?php
@mysql_connect("localhost","root","") or die("数据库连接失败！");
@mysql_select_db("bookdb") or die("选择的数据库不存在或不可用!");
mysql_query("set names gb2312");
$myquery = @mysql_query("select * from bookinfo") or die("SQL 语句执行失败!");
$page_size = 3;
$num_cnt = mysql_num_rows($myquery);
$page_cnt = ceil($num_cnt / $page_size);

if(isset($_GET['p'])){
 $page = $_GET['p'];
}else{
 $page = 1;
}
$query_start = ($page - 1) * $page_size;     //计算每页开始记录号
$querysql = "select * from bookInfo limit $query_start, $page_size";//组成 SQL 语句
$queryset = mysql_query($querysql);      //执行 SQL 语句
echo "<table align='center' border=\"1\"><tr><th>图书编号</th><th>图书名称</th><th>图书
    作者</th><th>图书价格</th><th>操作</th></tr>";
while($row = mysql_fetch_array($queryset, MYSQL_BOTH)){   //逐行从数据集获取数据
echo "<tr><td>" . $row[0] . "</td>";
echo "<td>" . $row[1] . "</td>";
echo "<td>" . $row[2] . "</td>";
echo "<td>" . $row[3] . "</td>";
echo "<td><a href='updateBookInfo.php?id=$row[0]'>修改</a>
<a href='#' onclick='chk($row[0]);'>删除</a>
</td></tr>";
}
echo "</table><br>";
$pager = "共 $page_cnt 页 跳转至第";
if($page_cnt > 1){
 for($i=1; $i <= $page_cnt; $i++){
     if($page == $i){
         $pager .= "<a href='?p=$i'><b>$i</b></a> ";
```

```
        }else{
                $pager .= "<a href='?p=$i'>$i</a> ";
        }
    }
    echo $pager . " 页";
}
mysql_close();
?>
```

效果如图 9-6 所示。

图 9-6

单击"修改"按钮,修改数据代码如下。

```php
<?php
if(isset($_GET['id'])){
$id = $_GET['id'];
@mysql_connect("localhost","root","") or die("数据库连接失败!");
@mysql_select_db("bookdb")    or die("选择的数据库不存在或不可用!");
mysql_query("set names gb2312");
$sql = "select * from bookinfo where bookid ='$id'";
$myquery = @mysql_query($sql) or die("SQL 语句执行失败!");
$row = mysql_fetch_array($myquery, MYSQL_BOTH);
echo <<<Eof
<!DOCTYPE html PUBLIC "-//W3C//DTD XHTML 1.0 Transitional//EN"
            "http://www.w3.org/TR/xhtml1/DTD/xhtml1-transitional.dtd">
<html xmlns="http://www.w3.org/1999/xhtml">
<head>
<meta http-equiv="Content-Type" content="text/html; charset=gb2312" />
<title>修改数据</title>
</head>
<form action="updateBookAction.php" method="post" name="updinfo">
<table width="400" border="1">
   <tr>
     <td>图书编号: </td>
```

```
      <td>$row[0]<input name="bookId" type="hidden" value="$row[0]" /></td>
   </tr>
   <tr>
      <td>图书名称：</td>
      <td><input name="bookName" type="text" value="$row[1]"   /></td>
   </tr>
   <tr>
      <td>图书作者：</td>
      <td><input name="bookAuthor" type="text" value="$row[2]" /></td>
   </tr>
   <tr>
      <td>图书价格：</td>
      <td><input name="bookPrice" type="text" value="$row[3]"/></td>
   </tr>
   <tr>
      <td></td>
      <td><input name="submit" type="submit" value="提交" /></td>
   </tr>
</table>

</form>
<body>
</body>
</html>
Eof;
 mysql_close();
}else{
 echo "ID 号错误，请<a href='browseBookInfo.php'>浏览</a>";
}
?>
```

页面效果如图 9-7 所示。

图 9-7

当用户单击"提交"按钮后，将表单提交到"updateBookAction.php"页面，该页面代码如下。

```php
<?php
$bookId = $_POST['id'];
$bookName = $_POST['bookName'];
$bookAuthor = $_POST['bookAuthor'];
$bookPrice = $_POST['bookPrice'];
$upd_sql = "update bookinfo set bookName = '$bookName', bookAuthor = '$bookAuthor',
bookPrice = '$bookPrice' where bookId = '$bookId'";
@mysql_connect("localhost","root","") or die("数据库连接失败！");
@mysql_select_db("bookdb") or die("选择的数据库不存在或不可用!");
mysql_query("set names gb2312");
$myquery = mysql_query($upd_sql);
if($myquery){
 echo "更新数据成功！";
}else{
 echo "更新数据失败！";
}
echo "<a href='browseBookInfo.php'> 浏览</a>";
mysql_close();
?>
```

修改成功后，效果如图 9-8 所示。

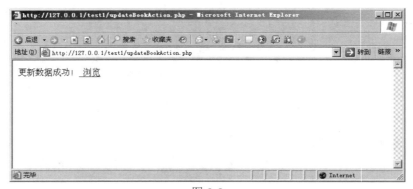

图 9-8

9.2.3 删除数据

运行 browseBookInfo.php 文件，当用户单击数据行的"删除"超链接后，弹出如图 9-9 所示的对话框。

图 9-9

当单击"确定"按钮后，会调用 javascript 中的代码，调用 deleteBookAction.php 文件，进行删除操作，该文件代码如下。

```php
<?php
$bookId = $_GET['bookId'];
$upd_sql = "delete from bookInfo where bookId='$bookId'";
@mysql_connect("localhost","root","") or die("数据库连接失败！");
@mysql_select_db("bookdb") or die("选择的数据库不存在或不可用!");
mysql_query("set names gb2312");
$myquery = mysql_query($upd_sql);
if($myquery){
 echo "删除数据成功！";
}else{
 echo "删除数据失败！";
}
echo "<a href='browseBookInfo.php'> 浏览</a>";
mysql_close();
?>
```

删除成功后结果如图 9-10 所示。

图 9-10

9.2.4　获取数据库的信息

可以使用 mysql_list_dbs()函数获取 MySQL 服务器的数据库列表信息，语法如下。

```
mysql_list_dbs(connection)
```

其中的各参数说明如表 9-8 所示。

表 9-8

参 数	描 述
connection	可选。规定 SQL 连接标识符。如果未规定，则使用上一个打开的连接

说明

mysql_list_dbs()将返回一个结果指针，包含了当前 MySQL 进程中所有可用的数据库。

用 mysql_tablename()函数来遍历此结果指针，或者任何使用结果表的函数，例如 mysql_fetch_array()。

下面示例演示了列出 MySQL 服务器上的所有可用数据库，代码如下。

```php
<?php
@mysql_connect("localhost","root","") or die("数据库连接失败！");
$dbs = mysql_list_dbs();
echo "<h3>MySQL 服务器的数据库信息如下：</h3>";
while($dbrow = mysql_fetch_array($dbs, MYSQL_BOTH)){
 echo $dbrow[0]."<br>";
}
mysql_close();
?>
```

运行结果如图 9-11 所示。

图 9-11

你可能会发现，使用这种方式列出服务器数据库列表与你在 MySQL 命令行使用"show databases；"命令的结果是一样的。

【单元小结】

- 了解 PHP 连接 MySQL 数据库的方式
- PHP 对 MySQL 中的数据进行操作

【单元自测】

1. 内关联(inner join)是用来做什么的？（　　　）

    A. 把两个表通过相同字段关联入一张持久的表中

    B. 创建基于两个表中相同行的结果集

    C. 创建基于一个表中的记录的数据集

    D. 创建一个包含两个表中相同记录和一个表中全部记录的结果集

2. 以下哪个 DBMS 没有 PHP 扩展库？（　　　）

    A. MySQL

    B. IBM DB/2

    C. Microsoft SQL Server

    D. 以上都不对

3. 考虑如下脚本。假设 mysql_query 函数将一个未过滤的查询语句送入一个已经打开的数据库连接，以下哪个选项是对的？(双选)（　　　）

```php
<?php
$r = mysql_query ('DELETE FROM MYTABLE WHERE ID=' . $_GET['ID']);
?>
```

    A. MYTABLE 表中的记录超过 1 条

    B. 用户输入的数据需要经过适当的转义和过滤

    C. 调用该函数将产生一个包含了其他记录条数的记录

    D. 给 URL 传递 ID=0+OR+1 将导致 MYTABLE 中的所有表被删除

4. 以下哪个说法正确？（　　　）

    A. 使用索引能加快插入数据的速度

    B. 良好的索引策略有助于防止跨站攻击

    C. 应当根据数据库的实际应用原理设计索引

    D. 删除一条记录将导致整个表的索引被破坏

5. join 能否被嵌套？（　　　）

    A. 能

    B. 不能

【上机实战】

上机目标

- 了解 PHP 连接 MySQL 数据库的方式
- PHP 对 MySQL 中的数据进行操作

上机练习

◆ 第一阶段 ◆

练习：PHP 连接和断开 MySQL 数据库，查询结果集。

【问题描述】

现有用户表 userInfo，需要对表中的数据进行增、删、改、查操作，下面示例描述了连接数据库，并对数据库中的 userInfo 表中的数据进行操作。

代码如下。

```php
<?php
@mysql_connect("localhost","root","")
or die("数据库连接失败！ ");
@mysql_select_db("userdb")
or die("选择的数据库不存在或不可用!");
mysql_query("set names gb2312");
$myquery = @mysql_query("select * from userinfo")
or die("SQL 语句执行失败!");
$rowscnt = mysql_num_rows($myquery);
echo "<table border=\"1\"><tr><th>id</th><th>姓名</th><th>性别</th><th>地址</th><th>
    邮件</th></tr>";
for($i=0; $i < $rowscnt; $i++){
echo "<tr><td>" . mysql_result($myquery, $i, 0) . "</td>";
echo "<td>" . mysql_result($myquery, $i, 1) . "</td>";
echo "<td>" . mysql_result($myquery, $i, 2) . "</td>";
echo "<td>" . mysql_result($myquery, $i, 3) . "</td>";
echo "<td>" . mysql_result($myquery, $i, 4) . "</td></tr>";
}
```

```
echo "</table>";
mysql_close();
?>
```

运行后效果如图 9-12 所示。

图 9-12

◆　第二阶段　◆

练习：修改"第一阶段 练习"中的代码，增加"修改""删除""添加"
功能。

【问题描述】

完善上例的功能，增加"添加""修改""删除"功能。
修改和删除功能如图 9-13 所示。

图 9-13

参考代码如下。

```
<script language="javascript">
function chk(id){
 if(confirm("确定要删除该资料？")){
     window.location="deleteUserInfoAction.php?id="+id;
    }else{
     return false;
```

```
            }
        }
    </script>
    <?php
    @mysql_connect("localhost","root","") or die("数据库连接失败！");
    @mysql_select_db("userdb") or die("选择的数据库不存在或不可用!");
    mysql_query("set names gb2312");
    $myquery = @mysql_query("select * from userinfo") or die("SQL 语句执行失败!");
    $page_size = 3;
    $num_cnt = mysql_num_rows($myquery);
    $page_cnt = ceil($num_cnt / $page_size);

    if(isset($_GET['p'])){
     $page = $_GET['p'];
    }else{
     $page = 1;
    }
    $query_start = ($page - 1) * $page_size;    //计算每页开始记录号
    $querysql = "select * from userInfo limit $query_start, $page_size";//组成 SQL 语句
    $queryset = mysql_query($querysql);    //执行 SQL 语句
    echo "<table align='center' border=\"1\"><tr><th>ID</th><th>姓名</th><th>性别</th><th>
        地址</th><th>电子邮件</th><th>操作</th></tr>";
    while($row = mysql_fetch_array($queryset, MYSQL_BOTH)){    //逐行从数据集获取数据
    echo "<tr><td>" . $row[0] . "</td>";
    echo "<td>" . $row[1] . "</td>";
    echo "<td>" . $row[2] . "</td>";
    echo "<td>" . $row[3] . "</td>";
    echo "<td>" . $row[4] . "</td>";
    echo "<td><a href='updateUserInfo.php?id=$row[0]'>修改</a>
    <a href='#' onclick='chk($row[0]);'>删除</a>
    </td></tr>";
    }
    echo "</table><br>";
    $pager = "共 $page_cnt 页 跳转至第";
    if($page_cnt > 1){
     for($i=1; $i <= $page_cnt; $i++){
        if($page == $i){
            $pager .= "<a href='?p=$i'><b>$i</b></a> ";
        }else{
            $pager .= "<a href='?p=$i'>$i</a> ";
        }
     }
    echo $pager . " 页";
```

```
    }
    mysql_close();
    ?>
```

其他的代码大家参考理论部分知识点。

【拓展作业】

1. 使用 PHP 连接和断开 MySQL 数据库。

2. 新建一个 student 表，包含学号、姓名、性别、年龄字段，然后对表中的数据进行增、删、改、查操作。

单元 +

Cookie、Session 及
图像处理

课程目标

▶ 了解 Cookie、Session 的概念

▶ 掌握 Cookie、Session 的操作与应用

▶ 掌握 PHP 中的图像处理方法

 **简 介**

在 Web 系统中，常常需要记录用户的有关信息，以供用户再次以此身份对 Web 服务器提起请求时进行确认。在 PHP 中，通常采用的方式就是使用 Cookie 或 Session 来保存用户信息。

Web 系统是采用 HTTP 协议进行数据传输的。而该协议是一个无状态协议，无法得知用户的浏览状态，也就是说，客户端与服务器的每一次连接都被当成是一次单独的操作。用户在前一张网页的数据不能在第二张网页上使用。因此，产生了两种用于保持连接状态的技术，它们就是 Cookie 和 Session。

10.1 概述

10.1.1 Cookie 的概念

Cookie 是一种在远程浏览器端存储数据并以此来跟踪和识别用户的机制。当相同的计算机通过浏览器请求一个页面时，原先存储的 Cookie 也会发送到服务器。由于 Cookie 是保存在客户端的，因此可以随意地设置 Cookie 的保存时间。为了能够永久地保存用户信息，采用 Cookie 是最为便捷的方式。

要使用 Cookie，必须知道其工作原理。一般来说，Cookie 通过 HTTP Headers 从服务器端返回到浏览器上。首先，服务器端在响应中利用 set-Cookie header 来创建一个 Cookie。然后浏览器在它的请求中通过 Cookie header 包含这个已经创建的 Cookie，并且将它返回到服务器，从而完成浏览器的验证。

 注意

在实际传递过程中，Cookie 值是自动进行 URL 编码的；当收到 Cookie 时，自动进行 URL 解码。如果不希望在发送 Cookie 时进行 URL 编码，可使用 setrawcookie()函数替代。

如果用户浏览器不支持 Cookie，或者用户在浏览器中设置禁止 Cookie，则 Cookie 将不能建立，此时需要使用其他方式将一个页面的信息传递至另一个页面，可以采用 Form 表单提交数据的方式。

一个浏览器能创建的 Cookie 数量最多为 30 个，并且每个不能超过 4KB，每个 Web 站点所能设置的 Cookie 总数不能超过 20 个。因浏览器多种多样，各种浏览器对 Cookie 的处理也不同，因此在使用 Cookie 时一定要考虑到这个因素。

10.1.2　Session 的概念

PHP Session 变量用于存储有关用户会话的信息，或更改用户会话的设置。Session 变量保存的信息是单一用户的，并且可供应用程序中的所有页面使用。

1. PHP Session 变量

当用户运行一个应用程序时，会打开它，做些更改，然后关闭它，这很像一次会话。计算机清楚你是谁。它知道你何时启动应用程序，并在何时终止。但是在因特网上，存在一个问题——服务器不知道你是谁以及你做什么，这是因为 HTTP 地址不能维持状态。

通过在服务器上存储用户信息以便随后使用，PHP Session 解决了这个问题(如用户名称、购买商品等)。不过，会话信息是临时的，在用户离开网站后将被删除。如果需要永久存储信息，可以把数据存储在数据库中。

Session 的工作机制是：为每个访问者创建一个唯一的 id(UID)，并基于这个 UID 来存储变量。UID 存储在 cookie 中，或通过 URL 进行传导。

由于 Session 是以文本文件的形式存储在服务器端的，所以不怕客户端修改 Session 的内容，实际上存放在服务器端的 Session 文件，PHP 将自动修改其权限，只保留了系统读和写的权限，并且不能通过 FTP 方式进行修改，所以相对比较安全。

2. Session 实现机制

在 Session 的实现中采用了 Cookie 技术，Session 会在客户端保存一个包含 session_id(Session 编号)的 Cookie；在服务器端保存其他 Session 变量，如 session_name 等。当用户请求服务器时也把 session_id 一起发送到服务器中，通过 session_id 提取所保存在服务器端的变量，就能识别用户了，同时也不难理解为什么 Session 有时会失效了。

如果用户浏览器设置禁止 Cookie，UNIX/Linux 系列的主机将可以自动检查 Cookie 状态，并且自动将 session_id 加在 URL 后面传递至服务器，而 Windows 系统的主机却没有此功能。

Cookie 机制采用的是客户端保持状态的方案，而 Session 则是采用服务器端保持状态的方案。采用后者需要在客户端保存一个标识，所以 Session 机制可能需要借助于 Cookie 机制来达到保存标识的目的。但也有其他选择，如有些网站常用的一种叫 URL 重写的方式，就是把 session_id 直接附加在 URL 后面。这两种方式各有千秋，大家可以在实际应用中自行选择。

10.2　Cookie 操作与应用

Cookie 可用于保存用户状态。在 PHP 中，可直接对 Cookie 进行操作，如将状态信息写入 Cookie、从 Cookie 读取状态信息、设置用户状态等信息的保存时间等。

10.2.1 设置 Cookie

在 PHP 中，对 Cookie 的操作基本都是通过学习 setcookie()函数来实现的，setcookie()函数向客户端发送一个 HTTP cookie，其语法如下。

```
setcookie(name,value,expire,path,domain,secure)
```

其中的各参数及说明如表 10-1 所示。

表 10-1

参　数	描　述
name	必需。规定 cookie 的名称
value	必需。规定 cookie 的值
expire	可选。规定 cookie 的有效期
path	可选。规定 cookie 的服务器路径
domain	可选。规定 cookie 的域名
secure	可选。规定是否通过安全的 HTTPS 连接来传输 cookie

该函数设置 Cookie 失败返回布尔值 false，如果设置 Cookie 成功，则返回 true。

由于 Cookie 与 HTTP 协议的特定工作方式，必须在输出任何文本前，传送出所有的 Cookie，即在调用该函数前，程序不能有任何输出，否则 PHP 将会给出警告信息，并且 Cookie 也不会被传送。

 注意

> 如果在同一个页面中设置 Cookie，实际上在设置 Cookie 时是按从后往前的顺序进行设置的，如果要先删除一个 Cookie，再设置一个 Cookie，则必须将设置 Cookie 的语句放在前面，删除 Cookie 的语句放在后面，否则会出现错误。

下面示例演示了设置 Cookie 的值，代码如下。

```php
<?php
echo $s = "我的 Cookie 值!";              //输出定义的字符串
setcookie("testCookie",$s);               //设置 cookie
setcookie("testTimeCookie",$s,time()+10); //设置 cookie，失效时间为 10 秒
?>
```

程序运行后会报错误，如图 10-1 所示。

报错是因为在调用 setcookie 函数之前不能有任何的输出，所以程序中应将第 2 行的"echo"去掉。

图 10-1

10.2.2　访问 Cookie

PHP 的$_COOKIE 变量用于取回 Cookie 的值。

下面示例演示了访问 Cookie 的值，代码如下。

```php
<?php
if(isset($_COOKIE['testCookie'])){
 echo "testCookie 的值：".$_COOKIE['testCookie']."<br>";
}else{
 echo "testCookie 已过期<br>";
}
if(isset($_COOKIE['testTimeCookie'])){
 echo "testTimeCookie 的值：".$_COOKIE['testTimeCookie']."<br>";
}else{
 echo "testTimeCookie 已过期<br>";
}
?>
```

10.2.3　删除 Cookie

删除 Cookie 可以使用两种方式：一种是使用一个空值 Cookie 来实现，即在调用 setcookie 函数时不指定属性 value 的值；另一种是将过期时间设置为一个过去的时间。下面示例演示了两种方法的使用，代码如下。

```php
<?php
setcookie("testCookie"); //第一种方式：使用 setcookie 函数时不指定属性 value 的值
setcookie("testCookie", "", time()-3600);//第二种方式：使过期时间为过去的一个时间
?>
```

10.2.4　Cookie 全局数组

前面我们在访问 Cookie 的值时使用了一个变量$_COOKIE，在 PHP 中，提供了一

个全局数组$_COOKIE[]用于存储 PHP 的 Cookie 变量，系统所有的 Cookie 都保存在这个全局数组中。设置 Cookie 就是把所有的 Cookie 都以键值对的形式存入该数组。访问 Cookie 实质就是访问该全局数组，删除指定的 Cookie 就是从该数组中将指定的 Cookie 值删除。

10.2.5　Cookie 综合案例

下面示例演示了通过使用 Cookie 进行登录验证实例的分析，其中登录页面代码如下。

```php
<?php
if(isset($_COOKIE['logined']) && $_COOKIE['logined']){
 header("location:welcome.php");   //如果已经登录过，则直接跳转到欢迎页面
}
?>
<!DOCTYPE html PUBLIC "-//W3C//DTD XHTML 1.0 Transitional//EN"
                "http://www.w3.org/TR/xhtml1/DTD/xhtml1-transitional.dtd">
<html xmlns="http://www.w3.org/1999/xhtml">
<head>
<meta http-equiv="Content-Type" content="text/html; charset=gb2312">
<title>系统登录</title>
</head>
<body>
<form method="post" action="check.php" name="form1">   <!-- 表单提交到 check.php 页面
       进行验证 -->
  <table>
    <tr><td>用户名：</td><td><input type="text" name="username"></td></tr>
    <tr><td>密码：</td><td><input type="password" name="password"></td></tr>
    <tr><td>Cookie 保存时间：</td><td>
      <select name="cookie">
        <option value="0" checked>不保存</option>
        <option value="1">浏览器进程</option>
        <option value="2">一天</option>
        <option value="3">一周</option>
        <option value="4">一月</option>
        <option value="5">一年</option>
      </select>
    </td></tr>
  </table>
<input type="submit" value="登录" id="submit"/><input type="reset" value="重新填写">
</form>
</body>
</html>
```

如果是第一次登录，运行效果如图 10-2 所示。

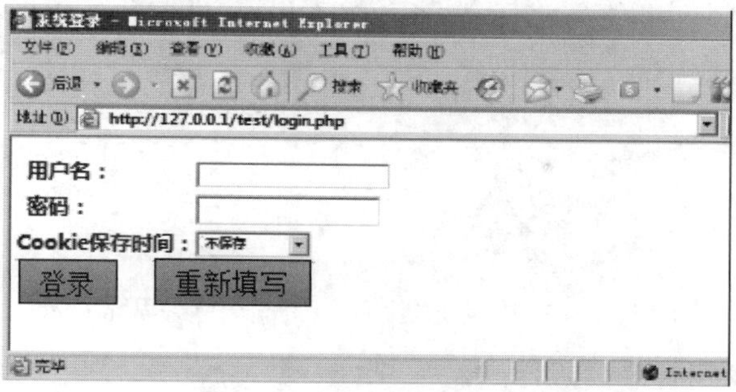

图 10-2

使用验证页面 check.php 对用户名和密码进行验证，代码如下。

```php
<?php
$username = $_POST['username'];
$password = $_POST['password'];
$cookie = $_POST['cookie'];
//指定一个固定用户名和密码 admin 和 666666
if(($username=="admin") && ($password == "666666")){
 switch($cookie){
     case 1:
          setcookie('logined',1);
          setcookie('username',$username);
          break;
     case 2:
          setcookie('logined',1,time()+24*60*60);
          setcookie('username',$username,time()+24*60*60);
          break;
     case 3:
          setcookie('logined',1,time()+24*60*60*7);
          setcookie('username',$username,time()+24*60*60*7);
          break;
     case 4:
          setcookie('logined',1,time()+24*60*60*30);
          setcookie('username',$username,time()+24*60*60*30);
          break;
     case 5:
          setcookie('logined',1,time()+24*60*60*365);
          setcookie('username',$username,time()+24*60*60*365);
          break;
     default:
          setcookie('logined');
          setcookie('username');
```

```
}
header("location:welcome.php"); //用户名和密码正确则跳转到欢迎页面
}else{
echo "用户名或密码错误，请重新<a href='login.php'>登录</a>."; //如果用户名和密码不正
确则提示用户重新登录
}
?>
```

如果用户名或密码错误，会出现如图 10-3 所示的效果图。

图 10-3

登录成功后跳转到欢迎页面 welcome.php，页面代码如下。

```
<?php
if(isset($_COOKIE['logined']) && $_COOKIE['logined']){
    echo $_COOKIE['username'] . "，  您好，欢迎光临！";
}else{
    echo "未登录！请<a href='login.php'>登录</a>.";
}
?>
```

页面效果图如图 10-4 所示。

图 10-4

　　上例只是一个非常简单的用户登录验证程序，由于将用户的登录信息全部存储在 Cookie 中，用户可直接修改 Cookie 文件，伪造登录信息，进而达到通过验证的目的。这种将用户登录信息存储在客户端 Cookie 中的方式非常不安全，在实际的系统中应慎用。

10.3　Session 操作与应用

与 Cookie 一样，在 PHP 中同样可以直接对 Session 进行操作，如设置 Session 的存储位置、检测变量是否在 Session 注册、设置 Session 的生命周期等。

10.3.1　Session 的使用

如果使用了 Session 或者在 PHP 文件中使用 Session 变量，那么就必须在调用之前启动 Session。启动 Session 只需要在 PHP 脚本中使用 Session_start()函数，PHP 将自动完成 Session 文件的创建。该函数语法如下。

```
bool session_start(void)
```

其中，void 表示函数没有参数。该函数将开始一个 Session 或者恢复已存在的基于由 POST、GET 或者 Cookie 提交的当前 SessionID 的 Session。函数总是返回布尔值 true。

注意

> PHP 中，变量在使用前无须预先定义，可以直接在使用时定义变量，但是在类中的变量却需要先定义再使用。同时在定义变量时，也可以不用初始化变量，未初始化的变量具有其类型的默认值。

下面示例演示了如何在 PHP 中启用 Session 并将相关变量存储在 Session 中，代码如下。

```php
<?php
session_start(); //开始 Session
$_SESSION['username']="admin"; //将一个字符串存储在 Session 中
echo $_SESSION['username']
?>
```

运行结果如图 10-5 所示。

图 10-5

10.3.2　Session 检测与注销

1. Session 检测

对于存储在 Session 中的变量，可使用 isset 函数进行检测，其语法格式如下。

```
bool isset($var,......)
```

其中，参数 var 为要进行检测的变量，该函数如果检测到变量 var 存在则返回 true，否则返回 false。

下面示例演示了如何使用 isset 检测 Session，代码如下。

```
<?php
session_start(); //开始 Session
$_SESSION['username']="admin"; //将一个字符串存储在 Session 中
if(isset($_SESSION['username'])){
 echo "用户名已经存在于 Session 中，值为:".$_SESSION['username'];
}
else{
 echo "用户名不存在!";
}
?>
```

程序运行结果如图 10-6 所示。

图 10-6

2. Session 注销

当需要将已经注册了的 Session 进行注销，可使用函数 unset，其语法格式如下。

```
void unset($var,.....)
```

其中，参数 var 为要注销的 Session 名称，函数释放给定的变量，即将指定的 Session 注销。

下面示例演示了如何在 PHP 中使用 unset 函数注销已有的 Session，代码如下。

```
<?php
session_start(); //开始 Session
$_SESSION['username']="admin"; //将一个字符串存储在 Session 中
unset($_SESSION['username']);
if(isset($_SESSION["username"])){
 echo "注销失败!";
}else{
 echo "注销成功!";
}
?>
```

运行结果如图 10-7 所示。

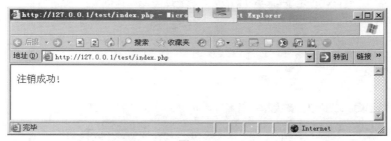

图 10-7

3. 注销所有 Session

上面只是注销 Session 中的一个名称,如果想要注销整个 Session,可使用函数 session_destroy。其语法格式如下。

```
bool session_destroy(void)
```

该函数没有任何参数,函数将结束当前的会话,并清空会话中的所有资源,并且总是返回布尔值 true。

下面示例演示了如何在 PHP 中使用 session_destroy 函数注销所有的 Session,代码如下。

```
<?php
session_start();
$_SESSION['username'] = "username";
session_destroy();
?>
```

上面都是使用 PHP 所提供的函数进行 Session 的注销,还有一种注销 Session 的简单方式,就是直接给超全局变量$_Session 赋一个空的数组,其语法格式如下。

```
$_SESSION = array();
```

10.3.3 Session 全局数组

与 Cookie 类似，PHP 提供了一个超全局数组用于存储所有的 Session 数据，系统中所有的 Session 都保存在这个超全局数组中。设置 Session 就是把所有的 Session 都以键值对的形式存入该数组，访问 Session 实质就是访问该全局数组，注销指定的 Session 就是从该数组中将指定 Session 的值删除。

下面示例演示了 Session 全局数组的使用，代码如下。

```php
<?php
session_start(); //开始 Session
$_SESSION['username']="admin"; //将一个字符串存储在 Session 中
$_SESSION['password']="666666";
print_r($_SESSION);
?>
```

运行结果如图 10-8 所示。

图 10-8

10.3.4 Session 综合案例

下面案例演示了修改前面登录的示例，登录页面 login_session.php 代码如下。

```php
<?php
session_start();
if(isset($_SESSION['logined']) && $_SESSION['logined']){
    header("location:welcome_session.php");
}
?>

<!DOCTYPE html PUBLIC "-//W3C//DTD XHTML 1.0 Transitional//EN"
        "http://www.w3.org/TR/xhtml1/DTD/xhtml1-transitional.dtd">
<html xmlns="http://www.w3.org/1999/xhtml">
<head>
<meta http-equiv="Content-Type" content="text/html; charset=gb2312">
```

```
<title>系统登录</title>
</head>
<body>
<form method="post" action="check_session.php" name="form1">
  <table>
    <tr><td>用户名：</td><td><input type="text" name="username"></td></tr>
    <tr><td>密码：</td><td><input type="password" name="password"></td></tr>
  </table>
<input type="submit" value="登录" id="submit"/><input type="reset" value="重新填写">
</form>
</body>
</html>
```

效果如图 10-9 所示。

图 10-9

验证页面用于对表单的数据进行验证，如果验证成功，则将登录信息存储在 Session 中，然后页面跳转到欢迎页面；如果验证失败，则显示错误信息。

验证页面 check_session.php 代码如下。

```php
<?php
session_start();
$username = $_POST['username'];
$password = $_POST['password'];
if(($username=="admin") && ($password == "666666")){
 $_SESSION['logined'] = true;
 $_SESSION['username'] = $username;
 //echo "um: $username";
 header("location:welcome_session.php");
 }else{
 echo "用户名或密码错误，请重新<a href='login_session.php'>登录</a>.";
 }
?>
```

欢迎页面 welcome_session.php 代码如下。

```
<?php
session_start();
if(isset($_SESSION['logined']) && $_SESSION['logined']){
    echo $_SESSION['username'] . ",  您好，欢迎光临！<a href='13.17.php'>退出(注销登录)</a>";
}else{
    echo "未登录！请<a href='login_session.php'>登录</a>.";
}
?>
```

如果用户登录成功，则显示如图 10-10 所示的界面。

图 10-10

如果登录失败，则显示如图 10-11 所示的界面。

图 10-11

当用户在 welcome_session.php 欢迎页面中单击"退出(注销登录)"时，将把用户的当前 Session 注销，注销页面 destory_session.php 代码如下。

```
<?php
session_start();
session_destroy();
echo "注销成功!<a href='login_session.php'>登录</a>";
?>
```

注销成功后代码如图 10-12 所示。

图 10-12

10.4　图像处理

在实际应用中，常常需要对图片进行处理，如生成缩略图和验证码图片等。在 PHP 中通常使用开源的 GD 库来对图片进行处理。

10.4.1　图像库简介

在 PHP 中，GD 库用于处理图像。GD 库是一个开放源码的动态创建图像的函数库。使用 GD 库，可以创建和操作多种不同格式的图像文件，更为方便的是，可以直接以图像流形式将图像输出到浏览器。有关 GD 库的详细信息大家可以从其官方网站 http://www.libgd.org 了解。

1. 打开 GD 库

在 PHP 中要能够使用 GD 库进行图像的操作，需要在 PHP 中将 GD 库激活。GD 库是 PHP 中默认进行安装的，但是没有被激活。打开 PHP 的配置文件 php.ino，找到如下语句。

```
;extension=php_gd2.dll
```

将前面的分号(;)去掉，保存文件，然后重启 Apache 服务器即可。对于该 GD 库是否已经成功加载，可使用 phpinfo()函数进行查看，查看的 GD 库信息如图 10-13 所示。

除了采用 phpinfo()显示是否加载 GD 库以外，还可以使用 GD 库自带的 gd_info() 函数查看 GD 库信息。

2. GD 库支持的图像格式

如果 PHP 服务器成功安装了 GD 库，其版本若是 2.0.28 以上，则支持 GIF、JPG、PNG、WBMP 和 XBM 等图像格式；若 GD 库版本低于 1.6，则支持 GIF 格式，不支持 PNG 格式；若 GD 库版本在 1.6 至 2.0.28 之间，则支持 PNG 格式，不支持 GIF 格式。大家在需要使用 GD 库进行图像处理时，尽量了解当前系统的 GD 库版本，以做相应的处理。

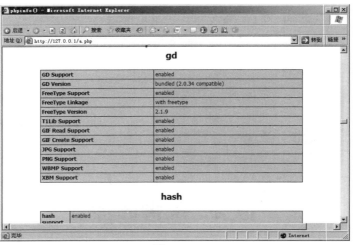

图 10-13

下面示例演示了当前环境 GD 库是否正确安装，以及 GD 库所支持的图像文件格式，代码如下所示。

```php
<?php
if (function_exists("gd_info")) {            //判断是否安装 GD 库
$gd_info = gd_info();
echo "您的 GD 库版本： " . $gd_info['GD Version'] . "<br>";

if ($gd_info['GIF Read Support']) {          //判断是否支持 GIF 图像读操作
    echo "支持 GIF 图像读操作.<br>";
}else {
    echo "不支持 GIF 图像读操作.<br>";
}
if ($gd_info['GIF Create Support']) {        //判断是否支持 GIF 图像写操作
    echo "支持 GIF 图像写操作.<br>";
}else {
    echo "不支持 GIF 图像写操作.<br>";
}
if ($gd_info['JPG Support']) {               //判断是否支持 JPG 图像
    echo "支持 JPG 图像读写操作.<br>";
}else {
    echo "不支持 JPG 图像读写操作.<br>";
}
if ($gd_info['PNG Support']) {               //判断是否支持 PNG 图像
    echo "支持 PNG 图像读写操作.<br>";
}else {
    echo "不支持 PNG 图像读写操作.<br>";
}
```

```
    if ($gd_info['WBMP Support']) {                    //判断是否支持 WBMP 图像
        echo "支持 WBMP 图像读写操作.<br>";
    }else {
        echo "不支持 WBMP 图像读写操作.<br>";
    }
    if ($gd_info['XBM Support']) {                     //判断是否支持 XBM 图像
        echo "支持 XBM 图像读写操作.<br>";
    }else {
        echo "不支持 XBM 图像读写操作.<br>";
    }
    }else {
    echo "系统未安装 GD 库！ ";
    }
    ?>
```

运行后结果如图 10-14 所示。

图 10-14

10.4.2　基本图像处理

PHP 中的 GD 库提供了强大的图像处理功能。例如，将用户上传到服务器的相片生成缩略图以供预览；为防止恶意攻击等而使用的验证码图片；给自己的图片加入版权信息水印等。

1. 创建图像

使用 GD 库创建图像，首先需要创建画布。创建一个真彩的图像可使用 imagecreatetruecolor 函数，该函数语法格式如下。

```
resource imagecreatetruecolor ( int $x_size , int $y_size )        //创建一个画布
```

其中，$x\_size 为所创建图像的宽度；$y_size 为所创建图像的高度。该函数将返回一个图像标识符，其中宽为$x\_size，高为$y_size。

注意 --

　　该函数不能用于 GIF 图像格式。

　　下面示例演示了使用 imagecreatetruecolor 函数创建一个真彩图像，代码如下。

```php
<?php
header("Content-type: image/png");
$im = @imagecreatetruecolor(200, 100)
        or die("Cannot Initialize new GD image stream");
?>
```

　　除了直接创建一个真彩图像外，还可以根据现有图片文件创建图像。从现有的
PNG 格式图像创建图像可使用 imagecreatefrompng 函数，其语法格式如下。

> resource imagecreatefrompng (string $filename)　　//根据现有图片文件创建图像

其中，参数$filename 为给定的图像名，包含图像的路径。该函数返回一个图像标识符，
表示从给定的文件名取得的图像。

　　在根据现有图像文件创建图像时，首先获取现有图像的文件类型，再根据现有像
文件的类型调用不同的创建图像的函数。

2. 设置颜色

　　在创建了图像后，需要设置图像的颜色，设置图像颜色使用 imagecolorallocate 函
数，其语法格式如下。

> Int imagecolorallocate(resource image,int red,int green,int blue)

其中，参数 image 为创建的图像文件；red、green 和 blue 分别是所需要的红、绿、蓝
三色，值从 0～255 的整数或十六进制的 0x00 到 0xFF。函数返回一个标识符，代表了
由给定的 RGB 成分组成的颜色。如果颜色分配失败，则返回-1。

 注意 --

　　在第一次对创建的图像设置颜色时，所设置的颜色将被设置为已创建图像
的背景色。

　　下面示例演示了为已创建的图像设置颜色，代码如下所示。

```php
<?php
header("Content-type: image/png");
$im = @imagecreatetruecolor(50, 100)
        or die("Cannot Initialize new GD image stream");
$bgcolor = imagecolorallocate($im, 0, 255, 0);
```

```
$fontcolor = imagecolorallocate($im, 0, 0, 0);
imagepng($im);
?>
```

3. 生成图像与销毁图像

对于使用 imagecreate 系统函数创建的图像，还只是一个图像资源，不能直接在浏览器上显示。需要使用相应的函数将该图像资源输出到浏览器。当需要使用某种图像格式进行输出时，就采用相应的函数输出图像。例如，将创建的图像以 PNG 文件格式输出至浏览器，可使用 imagepng 函数，其语法格式如下。

```
bool imagepng ( resource $image [, string $filename ] )
```

imagepng()将 GD 图像流(image)以 PNG 格式输出到标准输出(通常为浏览器)，或者如果用 filename 给出了文件名则将其输出到该文件。

10.4.3　图像处理案例——生成验证码图片

在实际的应用中验证码使用非常广泛，常常用于网站登录或评论。用户在每一次提交表单时需要输入不同的验证码，从而限制了来自于外部的一些恶意操作。服务器在生成验证码图片时，将相应的验证码保存在服务器的 Session 中。然后在接收用户所提交的表单数据时，判断用户所输入的验证码是否与存放在服务器 Session 中的验证码值相等。

下面的 random_num.php 示例演示了如何在服务器端生成验证码，代码如下。

```php
<?php
header("Content-type:image/png");                    //声明图像格式为 png
session_start();

$authnum = '';
$str = 'abcdefghijkmnpqrstuvwxyz1234567890';          //定义随机的字母和数字
$strLength = strlen($str);
for($i = 1; $i <= 4; $i++) {                          //随机抽取 4 位字母或数字
 $num = rand(0, $strLength - 1);
 $authnum .= $str[$num];
}

$_SESSION["authnum"] = strtoupper($authnum);          //将验证码保存至 Session
srand((double)microtime() * 1000000);
$im = imagecreate(50, 20);                            //创建图像

$gray = imagecolorallocate($im, 200, 200, 100);       //设置颜色
$white = imagecolorallocate($im, 255,255,255);        //设置颜色
```

```php
imagefill($im, 10, 5, $gray);                                      //进行填充
$li = imagecolorallocate($im,150, 150, 150);                        //设置颜色
for($i = 0; $i < 3; $i ++) {                                        //加入干扰线
 imageline($im, rand(0, 20), rand(0, 50), rand(20, 40 ), rand(0, 50), $li);
}
for($i=0; $i < strlen($_SESSION['authnum']); $i++){                 //随机绘制验证码
     $strColor = imagecolorallocate($im,mt_rand(0,100), mt_rand(50,150),
mt_rand(100,200));
 $fontSize = mt_rand(3, 5);
 $x = mt_rand(1,5) + 50*$i/4;
 $y = mt_rand(1, 5);
 imagestring($im, $fontSize, $x, $y, $_SESSION['authnum'][$i], $strColor);
}

for($i = 0; $i < 90; $i ++) {                                       //绘制干扰像素
 imagesetpixel($im, rand() % 70, rand() % 30, $gray);
}
imagepng($im);                                                      //输出 PNG 格式图片至浏览器
imagedestroy($im);                                                  //销毁图像
?>
```

上面的程序中，产生验证码、绘制干扰线段、绘制验证码、像素等均是采用随机数实现的，这样就能够在页面中展示多种多样的验证码图像，进而有效地防止恶意攻击。

下面示例演示了如何在页面展示验证码，并由用户输入相应的验证进行提交。代码如下。

```html
<?xml version="1.0" encoding="GB18030" ?>
<!DOCTYPE html PUBLIC "-//W3C//DTD XHTML 1.0 Transitional//EN"
          "http://www.w3.org/TR/xhtml1/DTD/xhtml1-transitional.dtd">
<html xmlns="http://www.w3.org/1999/xhtml">
<head>
<meta http-equiv="Content-Type" content="text/html; charset=GB18030" />
<title>验证输入</title>
</head>
<body>
   <form name="form1" method="post" action="check_random.php">
     <table>
       <tr>
         <td>验证码: <input type="text" name="chkcode" value="" size="15" maxlength="4"></td>
           <td><iframe src="random_num.php" height="50px" width="80px" frameborder="0"
                id="chkimg"></iframe>
```

```
            <input type="button" value="看不清，换一张" onclick="chkimg.location.reload();">
        </td></tr>
    </table>
    <input type="hidden" value="4" name="checkcnt" />
    <input type="submit" name="submit1" value="提交" />
  </form>
</body>
</html>
```

运行后效果如图 10-15 所示。

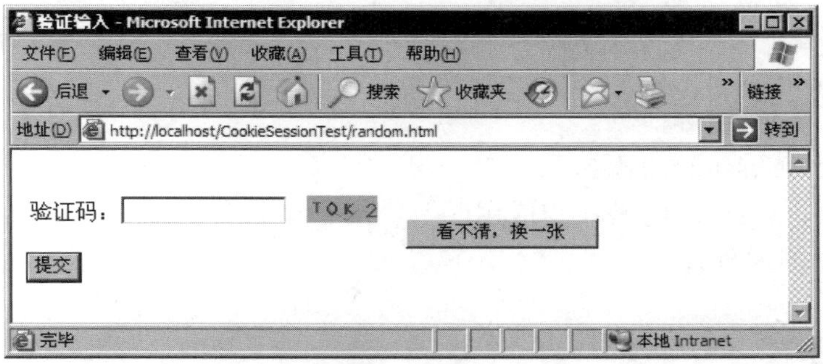

图 10-15

在上面的程序中，使用 iframe 显示生成的验证图片，并可以在看不清楚时重新生成新的验证码。显示验证图片的方式有很多，可直接使用 img 标签等。

下面的程序 check_random.php 演示了如何在服务器接收表单提交的用户输入的验证码并进行相关验证。代码如下：

```
<?php
session_start();

$chkCode = strtoupper($_POST['chkcode']);
if ($chkCode == $_SESSION['authnum']) {
 echo "验证成功！ ";
}else {
 echo "验证失败!";
}
session_destroy();
?>
```

验证成功后，页面效果如图 10-16 所示。

在上述程序中，需要首先开启 Session，然后获取表单提交的验证码，再判断用户输入的验证码是否正确，最后再释放 Session。

图 10-16

【单元小结】

- Cookie、Session 的概念
- Cookie、Session 的操作与应用
- PHP 中图像处理

【单元自测】

1. 如何访问会话变量(Session)？（   ）

    A. 通过$_GET   B. 通过$_POST

    C. 通过$_REQUEST   D. 以上都不对

2. 在忽略浏览器 bug 的正常情况下，如何用一个与先前设置的域名(domain)不同的新域名来访问某个 Cookie？（   ）

    A. 通过 HTTP_REMOTE_COOKIE 访问

    B. 不可能

    C. 在调用 setcookie()时设置一个不同的域名

    D. 向浏览器发送额外的请求

3. index.php 脚本如何访问表单元素 email 的值？（   ）(双选)

    A. $_GET['email']   B. $_POST['email']

    C. $_SESSION['text']   D. $_REQUEST['email']

4. 以下脚本将如何影响$s 字符串？（   ）(双选)

```php
<?php
$s = 'Hello';
$ss = htmlentities ($s);
echo $s;
?>
```

    A. 尖括号<>会被转换成 HTML 标记，因此字符串将变长

    B. 没有变化

C. 在浏览器上打印该字符串时，尖括号是可见的

D. 在浏览器上打印该字符串时，尖括号及其内容将被识别为 HTML 标签，因此不可见

5. 如果不给 Cookie 设置过期时间会怎么样？（　　　）

   A. 立刻过期　　　　　　　　　　　B. 永不过期

   C. Cookie 无法设置　　　　　　　　D. 在浏览器会话结束时过期

【上机实战】

上机目标

- 掌握使用 Session 进行登录
- 掌握采用 JavaScript 与 PHP 进行交互

上机练习

◆ 第一阶段 ◆

练习：使用 Session 进行登录验证。

【问题分析】

编写页面，实现用户名和密码的验证，验证通过后将登录标志保存在当前 Session 中。其中 HTML 页面如图 10-17 所示。

图 10-17

代码如下所示。

```
<!DOCTYPE html PUBLIC "-//W3C//DTD XHTML 1.0 Transitional//EN"
           "http://www.w3.org/TR/xhtml1/DTD/xhtml1-transitional.dtd">
<html xmlns="http://www.w3.org/1999/xhtml">
<head>
<meta http-equiv="Content-Type" content="text/html; charset=gb2312" />
<title>管理员登录</title>
<style type="text/css">
<!--
body,td,th {
 font-size: 16px;
}
-->
</style></head>

<body>
<form id="form1" name="form1" method="post" action="exam_1.php?action=login">
  <table width="318" height="200" border="0" align="center" cellpadding="0"
       cellspacing="0">
    <tr>
    <td colspan="2" align="center">管理员登录</td>
  </tr>
    <tr>
     <td align="left">用户名： </td>
     <td align="left"><input name="c_name" type="text" id="c_name" size="30"
        maxlength="20"
              style="width:170px;" /></td>
  </tr>
    <tr>
     <td align="left">密码： </td>
     <td align="left"><input name="c_pwd" type="password" id="c_pwd" size="30"
        maxlength="20"
              style="width:170px;"/></td>
  </tr>
    <tr>
     <td colspan="2" align="center"><input type="submit" name="submit" value="提交" />
      <input type="reset" name="submit2" value="重置" />
      </td>
  </tr>
  </table>
</form>
</body>
</html>
```

验证的 exam_1.php 页面代码如下。

```php
<?php
session_start();
$c_action=$_GET["action"];
$c_pwd=trim($_POST["c_pwd"]);

if ($c_action=="login")
{
 if ($c_pwd=="")
 {
     echo "<script type='text/javascript'> alert('密码不能为空！');</script>";
     exit;
 }

 if ($c_pwd != "phpcoding.cn")
 {
     echo "<script type='text/javascript'> alert('密码错误！');</script>";
     exit;
 }

 $_SESSION["admin"]="phpcoding.cn";
 echo "<script type='text/javascript'> alert('验证通过!');</script>";
}
?>
```

◆　第二阶段　◆

练习：JavaScript 与 PHP 进行交互。

【问题分析】

在实际应用中，常常需要采用 JavaScript 与 PHP 进行交互。例如，删除数据前进行一些警告操作等，待用户确认后再进行实际的操作。

实现功能如图 10-18 所示。

图 10-18

代码如下所示。

```
<html>
<head>
<meta http-equiv="Content-Type" content="text/html; charset=gb2312">
    <title>PHP 交互</title>
<script language="JavaScript">
<!--
function del_chk(message){
    return confirm(message);
}
//-->
</script>
</head>
<body>
<?php
$myrow[guest_name]="guest";
$myrow[guest_time]=time();
$guest_name=addslashes($myrow[guest_name]);
//$guest_name=str2js($myrow[guest_name],"");
$dele_mess="真的要删除这个留言吗？\\n 留言姓名：$guest_name($myrow[guest_ip])"."\\n
    留言时间：
            $myrow[guest_time]";
echo "<script>";
echo "delete_mess=\"$dele_mess\"";
echo "</script>";
?>
<a href="<?php echo "$PHP_SELF?opt=delete"; ?>"   onClick='return del_chk(delete_mess)'>
    删除留言
</a>
</body>
</html>
```

【拓展作业】

1. 写一段代码，实现当用户单击不同的链接注册不同的 Cookie 值，并根据不同的 Cookie 值显示不同的页面样式时，实现页面"换肤"的功能。

2. 写一段代码，通过 Session 判断用户是否登录，如果用户没有登录则显示登录界面供用户登录；如果已经登录则显示登录的用户名。

参考文献

[1] 明日科技. PHP 从入门到精通[M]. 4 版. 北京：清华大学出版社，2017.

[2] 程文彬，等. PHP 程序设计[M]. 北京：人民邮电出版社，2016.

[3] 林世鑫. PHP 程序设计基础教程[M]. 北京：电子工业出版社，2018.